KB039650

국어사전에서
캐낸
술
이야기

국어사전에서 캐낸 술 이야기

재미있는 주사酒史

박일환 지음

달아실

차례

5부 술을 둘러싼 세계

국어사전에서 캐낸 **술** 이야기

책을 내며

돌아보니 술과 벗하며 산 지 40년이 되었다. 술이란 걸 최초로 입에 대본 게 언제쯤인지 정확하게는 기억나지 않는다. 술을 좋아하시던 부친 때문에 집에 있는 술에 몇 차례 입을 대보긴 했을 텐데 기억이 흐릿하다. 다만 술 때문에 처음 외박을 한 기억은 또렷하다. 고1 아니면 2학년 무렵이었을 것이다. 내가 다니던 고등학교는 같은 서울 안에 있었음에도 집에서 1시간 30분 정도 걸리는, 꽤 먼 거리에 있었다. 나만 그런 게 아니라 상당수의 친구들이 그랬다. 그러다 보니 학교 근처에서 하숙을 하는 친구들이 몇 있었다. 어느 날 친구 하숙방에 자주 어울리던 몇이 모여 술을 마시게 되었다. 누가 왜 술을 마시자고 했는지는 기억에 없다. 다들 술에는 초짜들이어서 얼마쯤 마셔야 취하는지, 자신의 주량을 아는 친구도 없었다.

일단 하숙집 방문을 걸어 잠근 다음 소주를 마시기 시작했고, 몇 잔 마시자 조금씩 가슴이 뛰면서 얼굴이 화끈거리는 듯했다. 은밀함이 주는 묘한 쾌감 같은 것도 밀려왔을 것이다. 얼마나 마셨을까? 하숙생이던 친구의 상태가 이상하다는 느낌이 왔다. 말이 많아지면서 횡설수설 같은 말을 반복했다. 그러더니 급기야 속엣것을 게워내기 시작했다. 당황한 친구들이 뒷수습을 하느라 분주한 사이에 취한 친구는 밖으로 나가 옥상으로 통하는 어귀 어디쯤에서 다시 구역질을 하며 이미 수차례 했던 말을 되풀이했다. "말이 머리 둘 곳 없으매 시대가 머리 둘 곳이 없다." 나중에야 그 말이 정현종 시인의 시 구절이었다는 걸 알았다. 그 무렵 문학과 시가 앳된 청춘들에게 다가오고 있었고, 술에 취한 친구는 나보다 한 발짝쯤 앞서가고 있었다. 결국 하숙집 주인아저씨에게 불려가 한참 훈계를 들어야 했고, 그러느라 집으로 가는 막차 시간을 놓쳤다. 다음 날 새벽같이 일어나 집으로 가서 어머니께 고개 숙여 용서를 구한 다음 다시 학교로 왔다(그때 우리 집에는 전화가 없었다).

그 후 고3 시절에는 그때의 공범들과 가끔 5교시를 젖히고 학교 뒷산으로 올라가 소주를 마시기도 했다. 그때는 어쩌다 벌이는 가벼운 일탈 정도로 여겼을 뿐 우리가 술꾼이라고는 생각하지 않았다. 본격적으로 술을 끼고 살게 된 건 대학에 들어간 다음부터였다. 그때가 1980년이었으니, 어떤 시대였는지는 굳이 설명할 필요가 없겠다. 시대가 술을 부른다는 따위의 말 대신 우리 집안 내력에 술꾼의 피가 흐르고 있었기 때문이라는 게 조금 더 진실에 가까울 수도 있겠다는 생각을 한다.

그동안 꽤 많은 책을 냈다. 그러면서 주변 사람들로부터 맨날 술만 마시는 것 같은데 언제 그렇게 많은 글을 쓰느냐는 얘기를 자주 들었다. 그럴 때면 술에게 미안해서 그 빚을 갚느라고 글이라도 쓴다는 식의 어쭙잖은 변명을 하곤 했다. 많은 책을 내다보니 국어사전을 자주 들여다보게 됐고, 그러다 우리 국어사전이 너무 형편없다는 생각에 국어사전의 부실함을 비판하는 책도 두어 권 냈다. 그럼에도 여전히 잘못 기술된 국어사전의 문제점들이 눈에 들어왔다. 그럴 때마다 메모를 해놓고 있었는데, 문득 술에 대한 낱말을 집중적으로 찾아보자는 생각이 들었다. 그게 국어사전 애용자이자 술꾼이 해야 할 도리일지도 모르겠다는, 다소 엉뚱한 접근법이었다. 그 결과를 이렇게 책으로 묶는 데까지 왔다. 국어사전에서 술과 관련된 낱말을 찾고, 그 말에 얽힌 여러 이야기를 모았다. 예상했던 대로 국어사전에 실린 술과 관련된 낱말에서도 숱한 오류들이 발견되었다. 그러므로 이 책은 술에 관한 책이자 내가 그동안 해왔던, 국어사전의 오류를 바로잡기 위한 노력의 산물이기도 하다.

인류가 술을 발명하고 마시기 시작한 역사가 오랜 만큼 술의 세계는 넓고도 깊다. 그러니 이 책에 술의 모든 세계가 담겼다고는 말할 수 없다. 더구나 국어사전에서 캐낸 낱말을 중심으로 훑어 내려갔기에 아주 일부의 세계만 담아낼 수밖에 없었다. 그럼에도 독자들에게 술의 세계에 대해 잘 알려지지 않은 사실들을 나름대로는 열심히 전하려고 했다. 아울러 국어사전의 문제점에 대해서도 생각해보는 계기를 마련해주려고 했다. 한 번에 두 마리 토끼를 잡아보자는 무모함이 어떤 결과로 나타났는지는 독자 여러분의 판단에 맡길 수밖에 없다.

책에 나오는 낱말과 뜻풀이는 표준국어대사전과 고려대한국어대사전에서 가져왔다. 두 사전이 인터넷에서 쉽게 검색할 수 있는 서비스를 제공하고 있으며, 국어사전 이용자들도 대부분 종이사전보다는 웹사전을 이용하고 있기 때문이다. 인터넷에 기반을 둔 웹사전이라 편찬 주체가 가끔 수정을 하는 경우가 있는데, 이 책에 실린 내용은 2019년 12월말까지 제공되어 있는 정보를 기준으로 삼았음을 밝힌다.

2020년 5월
박일환

1부
술꾼의 세계

호대(戶大)

술을 잘 마시거나 많이 마시는 사람을 이르는 낱말은 주호(酒豪), 음호(飮豪), 주선(酒仙), 주성(酒聖), 주인(酒人) 등 여러 개가 있다. 그런데 언뜻 보아서는 이해하기 쉽지 않은 낱말을 만났다.

¶호대(戶大): 술을 많이 마시는 사람.

술을 많이 마시는 사람을 왜 호대(戶大)라는 말로 표현했을까? 한자의 뜻만 가지고는 이해하기 어려운 낱말이다. 분명히 어딘가에서는 그런 뜻으로 쓰였으므로 국어사전에 올려놓았을 텐데, 근거를 찾는 게 쉽지 않았다. 우리나라 사람들이 쓴 문헌에는 거의 등장하지 않는 말이다. 힘들게 자료를 찾다가 청나라 때 강희제의 명에 따라 편찬한 중국 최대의 자전(字典)인 『강희자전 (康熙字典)』의 '호(戶)' 항목에서 쓰임에 따른 여러 개의 뜻을 풀이해 놓은 걸 발견했다. 거기에 다음과 같은 내용이 나온다.

又飮酒有大小戶(우음주유대소호)

또한 술을 마심에 있어서도 크고 작은 호(戶)가 있다.

『吳志(오지)』孫皓每饗宴(손호매향연), 人以七升爲限(인이칠승 위한), 小戶雖不入(소호수불입), 倂澆灌取盡(병요관취진)

『오지(吳志)』에 따르면, 손호가 매번 연회를 벌일 때면 사람마다 일곱 되의 술을 마시도록 했다. 주량이 적어 비록 마시지 못하더라도 모두 따라서 다 마시도록 했다.

대소호(大小戶)와 소호(小戶)라는 말이 보일 것이다. 이어서 다음과 같은 글도 덧붙였다.

〈白居易詩(백거이 시)〉戶大嫌甜酒(호대혐첨주)

백거이 시에 (따르면) 술을 많이 마시는 사람은 맛이 단 술을 싫어했다.

『오지(吳志)』는 중국 진나라 진수(陳壽)가 펴낸 삼국지의 하나로 오나라의 역사를 기술한 책이다. 그리고 첨주(甜酒)는 단맛이 나는 술을 뜻한다.

결국 호대(戶大)는 백거이 시의 구절에서 따온 말임을 알 수 있다. 호대(戶大)가 있으면 마땅히 술을 조금밖에 마시지 못하는 사람을 뜻하는 호소(戶小)도 있어야 할 텐데, 그런 낱말은 국어사전에 없다. 대신 아래 낱말이 표준국어대사전에 나온다.

¶주호(酒戶): 마시고 견딜 정도의 술의 분량. =주량.

그런데 왜 호(戶)라는 한자가 술의 주량을 나타내는 뜻으로 쓰이게 됐을까? 한자어 戶를 보통 '지게 호'라고 한다. 이때 지게는 짐을 져 나르는 데 쓰는 도구와는 관련이 없다. 정확하게는 옛날식 가옥에서, 마루와 방 사이의 문이나 부엌의 바깥문을 말하며, 지게문이라고도 한다. 이 지게문은 글자의 형태에서 볼 수 있듯이 외짝 문으로 되어 있다. 문(門)은 집으로 들어서는 입구에 있으면서 두 짝으로 된 것을 말하고, 호(戶)는 집 내부에 있으면서 한 짝으로 된 것을 뜻한다고 보면 된다. 『강희자전』은 술과 관련된 풀이 바로 앞에서 호(戶)가 구멍이라는 뜻도 지니고 있다고 했다. 드나드는 작은 문이라는 뜻에서 구멍이라는 뜻이 파생되었을 것이다. 그렇게 본다면 호(戶)를 술이 들어가는 구멍으로 연결지었을 거라는 추론이 가능하다. 즉, 술이 들어가는 구멍이 크냐 작으냐로 주량을 판단했을 법하다.

의문을 풀긴 했는데, 국어사전에서 출처와 함께 좀 더 자세히 풀어주면 얼마나 좋았을까 하는 생각도 했다. 호대(戶大)라는 어려운 말 대신 다음과 같은 우리말이 더 정감 있게 다가온다.

¶대접붙이: 술을 대접으로 마시는 사람이란 뜻으로, 술을 지나치게 자주 마시는 사람을 이르는 말.

술 벌레는 어떻게 생겼을까?

　　요즘 말끝에 '벌레 충(蟲)' 자를 붙여 혐오를 드러내는 표현이 많이 쓰이고 있다. 일베 사이트에서 활동하는 이들을 일베충이라고 이르던 말이 퍼지더니 이후에 비슷한 표현이 부쩍 늘었다. 맘충이니 급식충이니 하는 말부터 한남충, 진지충까지 차마 입에 담기 힘든 표현들이 등장해서 사람들을 불편하게 하고 있다. 정당한 비판이 아닌 혐오를 통해 얻을 수 있는 건 없으므로 이런 말들은 쓰지 말아야 한다. 그런데 술꾼을 벌레에 비유한 말이 어엿이 국어사전에 올라 있는 상황을 어떻게 보아야 할까?

　¶주충(酒蟲): 술 벌레라는 뜻으로, 술에 미치다시피 한 사람을 놀림조로 이르는 말.

사람을 벌레에 비유한 낱말이 주충만 있는 건 아니다.

¶식충이(食蟲-): 밥만 먹고 하는 일 없이 지내는 사람을 비난조로 이르는 말.
¶무혈충(無血蟲): 피가 없는 벌레라는 뜻으로, 냉혹한 사람을 이르는 말.

사람에게 밥만 탐하는 벌레라고 부르는 식충(食蟲)이라는 말을 아무렇지도 않게 쓰던 적도 있으니, "어이쿠야!" 하며 제 머리를 칠 도리밖에 없다. '식충이'라는 말은 많이 쓰던 말이지만 '무혈충'이라는 말은 거의 사용하지 않는 말이다. 이 낱말은 어디서 왔을까? 19세기 후반에 일본에서 자유민권운동을 벌인 나카에 초민(中江兆民, 1847~1901)이라는 사람이 있다. 그는 1890년 『입헌자유신문』에 의회를 '무혈충의 진열장'이라는 말로 비난한 논설을 발표했다. 일본어사전에도 이 낱말이 실려 있는 것으로 보아 일본에서 건너온 말일 것이다.

그렇다면 주충이라는 말은 또 어디서 나왔을까? 중국의 포송령이 쓴 『요재지이(聊齋志異)』라는 책에 주충이 나온다. '포송령'과 '요재지이'가 국어사전에 표제어로 실려 있으므로 누구의 어떤 책인지부터 알아보자.

¶포송령(蒲松齡): [인명] 중국 청나라의 소설가 (1640~1715). 자는 유선(留仙). 호는 유천(柳泉). 환상적 기법을 구사한 기괴 소설(奇怪小說) 「요재지이」를 써서 널리 알려졌다. 저서에 『혼가전서(婚嫁全書)』, 『농상경(農桑經)』 따위가 있다.

¶요재지이(聊齋志異): [문학] 중국 청나라 초기에 포송령이 지은 문어체 소설집. 당나라 전기(傳奇) 계통으로, 민간 설화에서 취재한 것으로 여자로 둔갑한 여우가 사람과 사랑하는 이야기, 신선과 이인(異人)의 이야기, 사람으로 변한 정령의 이야기와 같은 괴기담으로 이루어져 있다. 1679년에 완성하고 1765년에 간행하였다.

김소월이 죽기 얼마 전에 김동환 시인에게 보낸 편지에 따르면, 『요재지이』를 번역하는 중이라고 했다. 생계를 위한 수단으로 삼으려 했던 듯한데, 당시에 『요재지이』가 사람들에게 제법 알려진 책이었음을 알 수 있다.

『요재지이』에 주충(酒蟲)이라는 제목으로 다음과 같은 이야기가 실려 있다.

장산현(長山縣)에 술을 좋아하는 유(劉)씨 성을 가진 사람이 살

왔다. 어느 날 한 승려가 유씨를 보더니 몸에 병이 있을 거라고 했다. 유씨가 아무런 병도 없다고 하자 승려는 "당신은 아무리 술을 마셔도 취하지 않지요?"라고 물었고, 이에 유씨는 그렇다고 대답했다. 그러자 승려는 술에 취하지 않는 이유가 몸에 주충(酒蟲), 즉 술벌레가 들어 있기 때문이라고 했다. 깜짝 놀란 유씨가 치료를 부탁하자 승려는 유씨를 양지바른 곳에 손발을 묶어놓고 입에서 한 자쯤 떨어진 곳에 술을 한 잔 놔두었다. 하지만 손발이 묶인 유씨는 술잔을 쳐다볼 수만 있을 뿐 아무리 애를 써도 술을 입에 댈 수 없었다. 그러다 갑자기 목안이 간질거리면서 구역질을 하게 됐는데, 그 순간 목구멍 너머에서 벌레 한 마리가 튀어나왔다. 승려가 유씨를 풀어주고 보게 했더니 길이가 서너 마디쯤 되고 붉은 살덩이처럼 생긴 벌레가 술동이 안에서 헤엄치고 있었다. 승려가 말하길, "독 안에 물을 채운 다음 이놈을 풀어놓고 휘젓기만 하면 바로 좋은 술이 된다오"라고 하였다. 승려의 말대로 해보니 과연 그랬다. 그런 일이 있은 후로 유씨는 술을 입에도 대지 않았다.

『요재지이』에 실린 글들은 위 이야기처럼 대부분 기괴하고 허무맹랑한 내용으로 채워져 있다. 주충(酒蟲)이란 낱말은 포송령의 상상력에서 비롯된 셈인데, 술꾼들에게는 결코 달갑지 않은 말일 테다.

술꾼을 뜻하는 말로 주충보다는 한결 누그러진 표현으로 된 낱말 하나 더 소개한다.

¶누치(漏卮): 술이 새는 잔이라는 뜻으로, 술을 잘하는 사람을 비유적으로 이르는 말.

누치라는 말은 『회남자(淮南子)』를 비롯해 여러 문헌에 나오는데, 누치가 사람을 비유하는 말로 쓰이게 된 건 중국의 양현지(楊衒之)가 편찬한 『낙양가람기(洛陽伽藍記)』에서 비롯했다. 그 책에서 양현지는 위나라 때의 학자 왕숙(王肅, 195?~256)의 별명이 누치(漏卮)였다고 했다. 남방 출신인 왕숙이 정치적 박해를 피해 중원(中原)에 왔더니 그곳 사람들은 늘 양고기와 양젖을 먹었다. 하지만 양젖에 익숙지 않은 왕숙은 양젖 대신 차를 마시곤 했다. 그것도 한 잔이 아니라 여러 잔을 계속 마시는 걸 보고 사람들이 놀림 삼아 붙여준 별명이, 잔이 샌다는 뜻의 누치였다. 그랬던 것이 시간이 지나면서 차를 잘 마시는 사람이 아니라 술을 잘 마시는 사람을 가리키는 말로 변했다.

술을 좋아하는 이들이라도 적당히 즐길 필요가 있다. 지나치게 많이 마셔서 다음과 같은 병들에 걸리면 좋지 않을 테니.

¶주달(酒疸): 황달의 하나. 주로 술을 지나치게 마셔서 생기는데, 몸과 눈이 누렇게 되면서 가슴이 답답하고 열이 나며 오줌의 색이 붉고 잘 나오지 않는다.

¶주상(酒傷): 술을 마셔 위(胃)에 생긴 탈.

¶주수(酒嗽): 술을 지나치게 마셔서 가래와 기침이 심하게 나오는 병. 때로는 피가 섞여 나오기도 한다.

¶주습(酒濕): 술을 지나치게 마셔 얼굴의 신경이 마비되거나 반신불수가 되는 병.

¶주적(酒積): 술을 지나치게 많이 마셔서 생기는 병. 배와 가슴이 더부룩하고 얼굴색이 검누렇게 변한다.

¶주징(酒癥): 알코올 의존증으로 생기는 만성병. 배에 단단하게 뭉친 덩어리가 만져지며, 배에 물이 차고 몸이 수척하여진다.

¶주치(酒痔): 술을 지나치게 마셔서 생기는 치질. 항문이 부어오르고 아프며 피가 나온다.

¶누풍증(漏風症): 술을 지나치게 많이 마셔서 온몸에 늘 열과 땀이 나며, 목이 마르고 느른하여지는 병.

¶도식병(倒植病): 사물이 뒤죽박죽 거꾸로 보이는 병. 술을 지나치게 많이 마셔서 몹시 취하였을 때 생긴다.

¶상표(傷表): 술 따위를 너무 많이 마셔서 몸 표면에 나타난 상처.

¶기주증(嗜酒症): 울적할 때마다 술을 마시다가 버릇이 되어 주기적으로 울적할 때마다 술을 마시는 증세.

살아서 술병에 걸리는 거야 술을 탐한 응보라 쳐도 죽은 다음에

는 모든 게 그만일까? 국어사전에 아래 낱말이 기다리고 있으니 죽어서도 안심할 일이 아니다.

¶관구지옥(灌口地獄): [불교] 죄인의 입에 끊임없이 물을 부어 고통을 주는 지옥. 음주계(飮酒戒)를 지키지 않은 사람이 이곳에 간다.

풀이에 나오는 '음주계'란 불교에서 술을 마시지 말라는 계율을 이른다.

술에 미친 사람

조지훈 시인이 술꾼을 1급부터 9급, 1단부터 9단까지 열여덟 단계로 구분했다는 건 많은 사람이 알고 있다. 다음 말은 어떤 단계에 해당할까?

¶주광(酒狂): 1. 술주정이 심함. 또는 그런 사람. 2. 술을 광적으로 즐기는 사람.

조지훈에 따르면 주광(酒狂)은 4단에 해당하며 폭주(暴酒)하는 상태를 말한다. 바로 윗 단계가 주선(酒仙)이고, 마지막 단계가 폐주(廢酒) 혹은 열반주(涅槃酒)로 술 때문에 저세상으로 간 경우를 이른다.

주광(酒狂)이라는 말이 중국 기록에 가장 먼저 나오는 건 아마도 반고가 지은 『한서(漢書)』의 「합관요전(蓋寬饒傳)」(합관요를 개관요로 읽기도 한다)이 아닐까 싶다. 합관요가 허백(許伯)의 집에서 열린 연회에 갔을 때 허백이 손수 술을 따라주며 마시길 권했다. 그러자 합관요는 "나에게 술을 많이 권하지 마시오. 나는 술에 미친 사람이오(無多酌我 我乃酒狂, 무다작아 아내주광)"라고 했다. 그때 옆에 있던 승상(丞相) 위후(魏候)가 웃으며, "당신은 깨어 있을 때도 미쳤는데 어찌 술 때문에 미치겠는가"라고 했다. 합관요가 자신이 말한 대로 술에 미칠 정도였다는 기록은 없다. 그저 사양하는 말로 주광(酒狂)이라는 말을 끌어왔을 것이다. 당시에 합관요는 강직하고 청렴하기는 했으나 주위 사람들을 탄핵하는 상소를 자주 올리곤 해서 원한을 많이 샀다. 위후의 말은 그런 합관요를 은근히 비꼬고 있는 것이다.

　우리나라에도 주광(酒狂)을 자처한 사람이 여럿 있는데, 그중의 한 명이 조선 시대에 생육신의 한 명으로 불렸던 남효온(南孝溫)이다. 그가 김시습에게 보낸 편지에 자신을 일러 주광(酒狂)이라 칭하며, 앞으로 부모나 임금의 명령이 아니면 술을 마시지 않겠다는 내용이 나온다. 술로 인해 어머니의 속깨나 썩였던 모양으로, 술을 끊겠다는 말을 하자 어머니가 무척 기뻐하더라는 이야기도 나온다. 하지만 남효온은 술의 노예에서 벗어나지 못했다. 스스로 「지주부(止酒賦)」를 짓고 10년 동안 술을 끊었다가 다시 술을 마셨고, 그러다 풍병(風病)이 생겨 다시 5년 동안 술을 끊었다. 하지만 술로 인해 몸이 망가질 대로 망가져서 서른아홉의 젊은 나이에 세상을 떠났다.

비교적 가까운 시기에 스스로 주광(酒狂)이라 칭한 사람으로는, 1905년 을사조약이 체결되자 논설 「시일야방성대곡(是日也放聲大哭)」을 쓴 장지연(張志淵, 1864~1921)이 있다. 이 논설 역시 술에 취한 상태에서 썼다고 할 만큼 장지연은 매일 술로 사는 사람이었다. 「시일야방성대곡(是日也放聲大哭)」은 장지연이 마지막 부분을 완성하지 못했고, 옆에 있던 유근(柳瑾)이라는 사람이 마무리를 지었다는 이야기도 있다. 장지연이 통곡하느라 그랬다는 설과 술에 취해 쓰러져서 그랬다는 설이 있다.

그는 자신의 모습을 표현한 시에서 "정시서치주광(定是書癡酒狂)"이라고 했다. 서치(書癡) 즉, 글 바보이면서 술에 미친 사람, 그게 장지연이 자신을 표현한 말이다. 안타깝게도 장지연은 훗날 『매일신보』에 다수의 친일 글을 발표했고, 말년에 고향인 마산으로 내려가 매일 술을 마시다 비교적 이른 나이인 쉰일곱에 죽음을 맞았다.

중국에 '주광(酒狂)'이라는 제목의 거문고 곡조가 있다. 이 곡조를 지은 사람 이름이 표준국어대사전에 나온다.

¶완적(阮籍): [인명] 중국 삼국 시대 위(魏)나라의 사상가·문학자·시인(210~263). 자는 사종(嗣宗). 죽림칠현의 한 사람으로, 노장(老莊)의 학문을 연구하였으나 정계에서 물러난 후, 술과 청담

(淸談)으로 세월을 보냈다. 저서에 『완사종집』, 『달장론(達莊論)』 따위가 있다.

풀이에도 술을 즐겼다는 말이 나온다. 완적은 워낙 술을 좋아해서 일부러 술을 관리하는 하급 직책을 자청했을 뿐만 아니라 모친상 중일 때도 왕이 부른 연회장에 가서 술과 고기를 먹었다. 이를 두고 난세에 자신을 보호하기 위해 일부러 미친 짓을 한 것이라는 얘기도 있다. 그렇다고 완적이 그냥 술꾼만은 아니어서 글과 시를 비롯해 거문고와 휘파람에도 능했다. 완적이 지었다는 거문고 연주곡 '주광(酒狂)'도 술기운이 오른 상태에서 떠오른 흥취를 표현한 것이라고 한다.

완적은 어떤 행동을 하든 남을 의식하지 않았다고 하며, 완적과 관련한 유명한 고사성어가 국어사전에 실려 있다.

¶백안시(白眼視): 남을 업신여기거나 무시하는 태도로 흘겨봄. 중국의 『진서(晉書)』 〈완적전(阮籍傳)〉에서 나온 말로, 진나라 때 죽림칠현의 한 사람인 완적(阮籍)이 반갑지 않은 손님은 백안(白眼)으로 대하고, 반가운 손님은 청안(靑眼)으로 대한 데서 유래한다.

국어사전에 청안(靑眼)과 청안시(靑眼視)도 실려 있지만, 풀이에 완적은 등장하지 않는다.

술 취한 늙은이

술과 노인을 결부시킨 낱말이 국어사전에 나온다.

¶주옹(酒翁): 1. 술 빚는 사내. 2. 술을 좋아하는 노인.
¶취옹(醉翁): 술에 취한 남자 노인.

간혹 전철 안에서 술에 취해 큰소리로 떠들거나 행패를 부리는 노인들을 만나는 수가 있다. 그럴 때면 절로 눈살이 찌푸려지면서 곱게 늙는 일의 중요성을 새삼 생각하기도 한다. 그래서 주옹이라는 말에는 호감을 느끼면서도 취옹이라는 말에는 고개를 젓는 이들도 있겠다.

이 취옹을 호로 삼은 이들이 국어사전에 몇 명 나온다.

¶구양수(歐陽脩): [인명] 중국 송나라의 정치가·문인 (1007~1072). 자는 영숙(永叔)·호는 취옹(醉翁)·육일거사(六一居士). 당나라 때의 화려한 시풍을 반대하여 새로운 시풍을 열고, 시·문 양 방면에 걸쳐 송대 문학의 기초를 확립하였으며, 당송 팔대가 가운데 한 사람으로 꼽힌다. 저서에 『신오대사』, 『신당서』, 『모시본의(毛詩本義)』 따위가 있다.

구양수의 호인 취옹(醉翁)을 가져와서 이름 붙인 정자가 있다. 그 말도 국어사전에 나온다.

¶취옹정(醉翁亭): [고적] 중국 송나라 때 추저우(滁州)에 있던 정자. 추저우의 지사(知事)였던 구양수를 위하여 승려 지천(智遷)이 건립한 것이다.

구양수가 아무리 유명한 시인이긴 하지만, 취옹정이라는 정자 이름까지 우리 국어사전에 실을 필요가 있었을까 하는 생각도 든다. 어쨌든 구양수는 취옹정이 상당히 마음에 들었던 모양이다. 자신을 위해 정자를 지어주었으니 고맙기도 했을 것이다. 그래서 직접 '취옹정기(醉翁亭記)'라는 제목의 글을 짓기도 했다. 이 글에서 구양수는 취옹(醉翁)이라는 말에 대해 술을 조금만 마셔도 금세 취하고, 함께 술 마시는 사람 중에서 나이가 가장 많았기 때문이라고 했다. 하지만 그때 구양수의 나이가 마흔에 지나지 않았으므로 스스로 노인이라 칭한 것은 조금 과한 느낌이 있다.

구양수가 추저우로 가게 된 건 개혁을 주장하다 반대파의 모함을 받아 좌천되었기 때문이다. 그렇게 추저우로 쫓겨온 구양수는 정자로 사람들을 불러모아 술이나 마시며 소일하고자 했는지도 모르겠다. 구양수는 스스로 취옹이라 했지만 술이 센 건 아니었다. 같은 글 속에서 구양수는 술에 취하기 위해서가 아니라 술기운을 빌려 경치 좋은 산수를 더 즐겁게 감상하고 싶었기 때문이라고 했다.

¶김명국(金明國): [인명] 조선 중기의 화가(1600~?). 자는 천여(天汝). 호는 연담(蓮潭)·취옹(醉翁). 굳세고 거친 필치로 인물, 수석(水石) 따위를 잘 그렸다. 작품에 「노엽달마도(蘆葉達磨圖)」, 「관폭도(觀瀑圖)」 따위가 있다.

이번에는 「달마도」로 유명한 조선 시대 화가 김명국이다. 김명국의 「달마도」는 호방한 필치로 단숨에 그려낸 듯한 작품으로, 단순하면서도 인상 깊은 달마의 모습을 형상화하고 있다. 김명국은 술을 마시지 않은 상태에서는 그림을 그리지 못한다고 할 정도로 술을 좋아했다. 많은 일화가 있지만 대표적인 이야기 하나만 소개하면 이렇다.

한 스님이 명부전에 걸 지옥도를 김명국에게 부탁하며 그림값으로 비단을 잔뜩 가져왔다. 알겠다며 돌아가서 기다리라고 한 다음 김명국은 비단을 팔아 술만 마시며 그림 그릴 생각을 안 했다. 스님이 계속 재촉을 해도 술이나 가져오라며 버티던 김명국은 결국 술에 취한 상태에서 순식간에 지옥도를 그렸다. 그림을 본 스님은 불같이 화를 내며 그림값으로 준 비단을 다시 돌려달라고 했다. 지옥에 떨어져 고통받고 있는 인물을 모두 스님들 형상으로 그려놓았기 때문이다. 항의하는 스님에게 김명국은 그동안 중들이 헛소리로 사람들을 속여왔으니 모두 지옥으로 가는 게 당연하지 않냐고 했다. 그러면서 술을 더 가져오면 다시 그려주겠다고 하자 스님이 어쩔 수 없이 술을 가져왔다. 맛있게 술을 마신 김명국은 본래 그림에 있던 스님들 모습에 머리털을 그려 넣고 색을 칠해서 새로운 그림을 완성했다. 다시 그린 그림을 본 스님은 감탄하며 머리를 숙이고 고마운 마음을 전했다.

애주가 김명국의 면모와 그림 실력을 연결시켜 누군가 재미있게 만들어낸 이야기일 것이다. 그럼에도 이런 이야기가 전해진다는 건 그만큼 김명국이 술을 좋아하는 동시에 그림을 잘 그렸다는 걸 증명하는 게 아닐까? 김명국은 조선통신사 일행을 따라 일본에도 두 차례 다녀왔다. 통신사를 보낼 때는 기록화를 남기기 위해 화가를 일행에 포함시켰는데, 김명국이 뽑혀서 동행하게 된 것이다. 보통은 한 차례 이상 보내지 않는데, 김명국의 그림 솜씨가 워낙 좋아 일본 사람들이 김명국의 그림을 얻기 위해 다시 보내달라고 요청해서 한 번 더 가게 됐다는 이야기가 있다.

¶조속(趙涑): [인명] 조선 중기의 서화가(1596~1668). 자는 희온(希溫)·경온(景溫). 호는 창강(滄江)·창추(滄醜)·취추(醉醜)·취옹(醉翁)·취병(醉病). 인조반정 때에 공을 세웠으나 벼슬을 사양하고 경서(經書)와 서화에만 전심하였다. 영모(翎毛), 매죽(梅竹)을 잘 그렸다. 작품에「쌍금도(雙禽圖)」,「묵매도(墨梅圖)」따위가 있다.

요즘 사람들에게는 조속이 널리 알려진 인물이 아니지만 당시에는 시서화삼절(詩書畵三絶)이라 불릴 정도로 유명했다. 취옹(醉翁) 말고도 취추(醉醜)와 취병(醉病)이라는 호까지 사용한 것으로 보아 술을 무척 사랑한 사람이었음은 분명해 보인다. 하지만 술에 관한 일화는 특별히 전하는 게 없다. 평생을 가난하게 살았으며, 죽은 뒤에 제사도 지내지 못할 정도였다. 그래서 현종이 제사 물품을 하사했다는 기록이 조선왕조실록에 남아 있다.

술꾼 도연명

고래로 술 좋아하는 사람이 어찌 한둘이랴만, 중국 동진(東晉)과 송나라 때에 걸쳐 살았던 시인 도연명(陶淵明, 365~427)도 술이라면 빼놓을 수 없는 인물이다. 국어사전에 아래와 같은 낱말이 나온다.

¶녹주건(漉酒巾): 술을 거르는 헝겊. 중국 진(晉)나라 때에, 술을 좋아하던 도연명이 두건으로 술을 거른 데서 유래한다.

녹주건이라는 말의 유래는 『송서(宋書)』 「은일전(隱逸傳)」의 아래와 같은 구절에 나온다.

逢其酒熟 取頭上葛巾漉酒 畢還復著之

(봉기주숙 취두상갈건녹주 필환부착지)

평소 술을 좋아하던 도연명이 술이 익으면 머리에 쓰고 있던 갈건(葛巾)을 벗어 술을 걸러 마신 다음 그 갈건을 다시 머리에 썼다는 얘기다. 이런 고사로 인해 갈건녹주(葛巾漉酒)라는 말이 생겼고, 이런 풍경을 소재로 후대의 화가들이 많은 그림을 그렸다. 그리고 도연명을 가리켜 '술 거르는 늙은이'라는 뜻으로 녹주옹(漉酒翁)이라 부르기도 했다. 갈건녹주나 녹주옹이라는 말은 국어사전에 없다.

도연명이 전원생활을 그리워해 벼슬을 버리고 낙향하며 「귀거래사(歸去來辭)」를 지었다는 건 워낙 유명한 이야기이다. 고향으로 돌아온 도연명은 술과 거문고를 벗하며 유유자적한 생활을 했고, 자연을 예찬하는 많은 시를 남겼다. 도연명이 벼슬을 버린 이유를 설명하는 낱말이 국어사전에 있다.

¶오두미(五斗米): 다섯 말의 쌀이라는 뜻으로, 얼마 안 되는 봉급을 이르는 말. 동진(東晉) 말기에 관리 생활을 하던 도연명이 쌀 다섯 말 때문에 허리를 굽힐 수 없다고 하여 벼슬을 버리고 집으로 돌아왔다는 데서 유래한다.

그렇게 고향으로 돌아온 도연명은 집에 다섯 그루의 버드나무와 울타리에 국화를 심었다. 이런 사실을 알게 된 건 순전히 국어사전 덕분이다.

¶오류(五柳): 다섯 그루의 버드나무. 중국 진(晉)나라의 도연명이 그의 집에 심어서 가꾼 데서 유래한다.
¶오류선생(五柳先生): 중국 진(晉)나라의 도연명이 그의 집에 버드나무 다섯 그루를 심어 놓고 스스로 이르던 호(號).
¶동리(東籬): 동쪽 울타리라는 뜻으로, 국화를 심은 곳을 이르는 말. 도연명의 시 「음주(飮酒)」에 '동쪽 울타리에서 국화를 따며 유연히 남산을 바라보네'라는 구에서 유래하였다.
¶동리국(東籬菊): 동쪽 울타리 밑에 있는 국화. 도연명이 시에서 국화를 표현한 말로, 국화의 본성이 서향을 좋아하여 동쪽 울타리 밑에 심었다는 데서 유래한다.

우리나라 국어사전은 참 친절하다. 다만 꼭 필요하다 싶은 말들은 빼고, 몰라도 될 것 같은 말들은 귀신같이 찾아서 올렸다는 비판을 받곤 한다는 게 문제이긴 하지만. '동리(東籬)'의 풀이에 '음주(飮酒)'라는 제목의 시가 나온다. 그만큼 술을 좋아했다는 걸 알 수 있다. 이 시는 본래 스무 편으로 된 연작시인데, 풀이에 나오는 구절은 다섯 번째 시에 등장한다.

이백의 시 「희증정율양(戱贈鄭溧陽)」에 오류(五柳)와 녹주건(漉酒巾)이 등장한다.

陶令日日醉 不知五柳春(도령일일취 부지오류춘)
素琴本無弦 漉酒用葛巾(소금본무현 녹주용갈건)

도연명은 날마다 취해 다섯 버드나무에 봄이 와도 알지 못했네.
소박한 거문고엔 본래 줄이 없고 술을 거를 땐 갈건을 썼지.

시 속에 줄이 없는 거문고가 나온다. 도연명은 거문고를 좋아했
으나 음률을 몰라 줄이 없는 거문고를 옆에 놓아두고 술이 적당히
오르면 거문고를 어루만지며 마음으로 소리를 들었다고 한다. 도
연명의 그런 면모를 이백이 자신의 시 속에 그려놓은 것이다. 무현
금이라는 말이 국어사전에 표제어로 있다.

¶무현금(無絃琴): 줄 없는 거문고. 줄이 없어도 마음속으로는
울린다고 하여 이르는 말이다.

끝으로 도연명의 시에 나오는 낱말 하나를 더 보자.

¶망우물(忘憂物): 온갖 시름을 잊게 하는 물건이라는 뜻으로,
'술'을 달리 이르는 말.

이 말은 도연명의 시 「음주(飲酒)」 제7수에 나온다.

秋菊有佳色 裛露掇其英(추국유가색 읍로철기영)
汎此忘憂物 遠我遺世情(범차망우물 원아유세정)

가을국화 빛깔이 아름다워라.
이슬 머금은 꽃잎을 따서
시름 잊게 하는 물건 위에 띄우니
세속에 남은 정 멀어지게 하네.

시에 나오는 망우물(忘憂物)은 『한서(漢書)』 「식화지(食貨志)」
에 처음 쓰였던 낱말이다.

두보와 술

이백에 비해 두보는 술과 관련해서 이름이 자주 오르내리지는 않는다. 하지만 두보도 술을 즐기는 편이었다. 두보와 연결되는 말들을 찾아가 보자.

¶음중팔선(飲中八仙): 중국 당나라 때에 시와 술을 사랑한 여덟 명의 시인. 특히 두보(杜甫)의 시에 나오는 하지장, 왕진(王璡), 이적지(李適之), 최종지(崔宗之), 소진(蘇晉), 이백, 장욱, 초수(焦遂)의 여덟 사람을 이른다.

이 말은 두보가 젊은 시절 장안(長安)에 머물 때 쓴 작품인, 당대의 술꾼 여덟 명의 모습을 재미있게 묘사한 시 「음중팔선가(飲中

八仙歌)」에서 왔다.

　팔선 중 두 번째로 거론된 왕진(王璡)은 이름이 잘못되었으며 이진(李璡)이 맞는 이름이다. 시 원문에는 여양(汝陽)으로만 표기되어 있는데, 당 현종의 조카로 여양군(汝陽郡)의 왕으로 봉해져서 여양왕(汝陽王) 혹은 여양군왕(汝陽郡王)으로 불리던 사람이다. 왕(王)이라는 칭호 때문에 그걸 성으로 오인해서 이진이 아닌 왕진으로 국어사전에 올렸을 것이다.

　이 시에서 유명한 구절은 이백을 다룬 부분에 나오는 "李白一斗詩百篇(이백일두시백편)"이다. 이백은 술 한 말을 마시면 시 백 편이 나온다는 말이다. 그 밖에 이적지(李適之)를 다룬 부분에 나오는 구절 하나를 보자.

飮如長鯨吸百川(음여장경흡백천)

　술 마시는 모습이 마치 고래가 백 개의 강물을 들이켜는 듯하다는 말이다. 얼마나 많이 마시면 저런 표현이 나왔을까 싶다. 여기서 비롯한 말이 국어사전에 실려 있다.

¶경음(鯨飮): 고래가 물을 마시듯이, 술 따위를 아주 많이 마심.

　술고래라는 말도 아마 여기서 생겼을 것이다. 두보의 시에서 비롯한 말들을 더 살펴보자. 다음은 두보의 시「곡강(曲江)」2수 중 두 번째 작품이다.

朝回日日典春衣(조회일일전춘의)
每日江頭盡醉歸(매일강두진취귀)
酒債尋常行處有(주채심상행처유)
人生七十古來稀(인생칠십고래희)
穿花蛺蝶深深見(천화협접심심견)
點水蜻蜓款款飛(점수청정관관비)
傳語風光共流轉(전어풍광공류전)
暫時相賞莫相違(잠시상상막상위)

조회에서 돌아와 날마다 봄옷을 전당 잡히고
매일 강둑에서 취해 돌아온다.
술 빚이야 언제나 가는 곳마다 있지만
사람이 칠십까지 살기는 예부터 드문 일.
꽃 사이로 나는 나비는 보일 듯 말 듯하고
강물을 스치며 잠자리 유유히 날아다니네.
아름다운 경치는 두루 흘러가는 거라고 하지만
잠시 감상하고 즐기는 걸 방해하지 말게나.

우선 4행에 나오는 "인생칠십고래희"라는 말이 먼저 눈에 들어오지 않을까 싶다. 워낙 유명한 구절이고, 이로부터 나이 칠십을 가리키는 고희(古稀)라는 말이 생겨났다는 얘기도 다들 알고 있을 것이다.

술과 관련해서는 첫 행에 술을 마시기 위해 봄옷을 전당 잡힌다는 말이 나오는데, 국어사전에 다음과 같은 낱말이 있다.

¶전의고주(典衣沽酒): 옷을 전당(典當) 잡히어 술을 삼.

3행에서는 주채(酒債)라는 말이 보인다. 이 말도 국어사전에 있다.

¶주채(酒債): 술값으로 진 빚.

이 시는 두보가 47세 때 지었다. 당 현종에 이은 숙종 시절에 두보는 궁궐에 드나드는 작은 벼슬자리 하나를 얻었다. 그러다가 숙종에게 미움을 사는 일이 생겼고, 날마다 괴로운 시간을 보내야 했다. 그래서 궁궐을 나오기만 하면 곡강(曲江) 쪽에 나가 술이나 마시며 괴로운 심정을 달래곤 했던 모양이다. 당시의 쓸쓸한 심사를 담아서 읊은 게 「곡강(曲江)」이라는 작품이다.

이백이 노래한 술의 별

술을 이야기하면서 당나라 시인 이백(李白)을 빼놓을 수는 없는 일이다. 술을 다룬 이백의 대표시로 흔히 「月下獨酌(월하독작)」을 꼽곤 한다. 그 시 속에 아래 낱말들이 나온다.

¶주성(酒星): 술에 관한 일을 맡고 있다는 별.
¶주천(酒泉): [지명] '주취안(중국 간쑤성(甘肅省) 서북부에 있는 상업(商業) 도시)'의 잘못.
¶주천(酒泉): 술이 솟는 샘이라는 뜻으로, 많은 술을 이르는 말.

이 말들을 살펴보기 전에 우선 시를 감상해보자. 전체 네 수로 이루어진 작품 중 두 번째 작품에 이 낱말들이 나온다.

天若不愛酒(천약불애주)

酒星不在天(주성부재천)

地若不愛酒(지약불애주)

地應無酒泉(지응무주천)

天地旣愛酒(천지기애주)

愛酒不愧天(애주불괴천)

已聞淸比聖(이문청비성)

復道濁如賢(부도탁여현)

聖賢旣已飮(성현기이음)

何必求神仙(하필구신선)

三盃通大道(삼배통대도)

一斗合自然(일두합자연)

俱得醉中趣(구득취중취)

勿謂醒者傳(물위성자전)

하늘이 술을 즐기지 않으면
하늘에 술의 별이 있을 리 없고
땅이 술을 사랑하지 않으면
땅에 술의 샘이 있을 리 없어라.
천지가 이미 술을 사랑하니
술 사랑이 어찌 부끄럽겠는가.

일찍이 듣기를 청주는 성인이요

탁주는 현인과 같다 하였으되

성현을 이미 다 마셨으니

어찌 신선을 더 구하랴.

석 잔 술로 큰 도를 통하고

한 말 술로 자연과 하나 되었네

취하여 얻는 즐거움 홀로 누릴 뿐

깨어 있는 이에게 전하지 말라.

시에 나오는 주성(酒星)과 주천(酒泉)은 정말로 존재하는 별이 자 샘일까? 중국에 주천(酒泉)이라는 지명을 가진 곳이 몇 군데 있다. 그중 가장 유명한 곳이 위 낱말 풀이에 있는 것처럼 중국 간쑤성(甘肅省, 감숙성)에 있는 지명이다. 그리고 동의어로 처리해서 두번째로 실어놓은 비유적인 의미도 있다. 간쑤성의 주천과 관련해서는 다음과 같은 유래가 전한다.

한무제 당시 곽거병(霍去病, BC140~BC117)이 오랜 골칫거리이던 흉노족을 물리치고 간쑤 지역을 점령했다. 그러자 한무제가 공로를 치하하기 위해 술 한 병을 하사했는데 곽거병이 혼자 마시지 않고 우물에 부어서 부하들과 같이 마셨다. 그래서 이곳을 주취안(酒泉, 주천)으로 불렀으며, 현재 주취안 공원을 조성해서 꾸며놓았다.

공원 안에 곽거병의 동상을 비롯해 이백의 「월하독작(月下獨酌)」 2
수 중 주천(酒泉)이 나오는 앞부분을 새긴 시비가 세워져 있다.

주성(酒星)은 『진서(晉書)』 「천문지(天文志)」에 "주성(酒星)은
유성(柳星) 옆의 세 별로 주기성(酒旗星)이라고도 한다"라는 기록
이 있다. 술과 잔치를 주관하는 별로 알려져 있다. 중국 사람들이
자신들끼리 지어 부르던 별의 이름이다.

시 구절 중에 청주는 성인이고, 탁주는 현인이라고 했다는 얘기
는 중국의 삼국 시대로 거슬러 올라간다. 후한(後漢) 말 조조(曹
操)가 군량미를 아끼기 위해 금주령을 내렸지만 애주가들은 몰래
술을 빚어 마시곤 했다. 그러면서 자신들끼리만 통하는 은어처럼
청주를 성인, 탁주를 현인에 빗대어 말한 데서 비롯했다. 이를 일러
청성탁현(淸聖濁賢)이라고 하는데, 이 말은 국어사전에 실리지 않
았다.

이백의 위 시에는 달이 나오지 않아 그냥 '독작(獨酌)'이라는 제
목으로 불리기도 한다. 다른 이와 어울려 마시는 대작도 좋지만 홀
로 마시는 독작의 맛 또한 그윽할 터이니, 천하의 술꾼에게 대작과
독작의 구분이 무슨 의미가 있겠는가. 오로지 술이 있으면 그 자체
로 족했으리라.

해장술을 즐기던 취음선생

옛 시인들은 어떤 것들을 벗하며 좋아하고 즐겼을까? 시인마다 조금씩 다르기는 하겠지만 국어사전에 실마리를 잡아볼 수 있는 낱말이 있다.

¶북창삼우(北窓三友): 거문고, 술, 시(詩)를 아울러 이르는 말.

우리 국어사전이 지닌 취약점 중의 하나가 낱말의 출처를 제대로 밝히지 않는다는 점이다. 저 말 역시 누군가의 글에서 따왔을 텐데 그런 설명이 없다. '북창삼우(北窓三友)'는 백거이가 지은 시의 제목이다. 어떤 내용인지 시의 앞부분을 보자.

今日北窓下 自問何所爲(금일북창하 자문하소위)

欣然得三友 三友者爲誰(흔연득삼우 삼우자위수)

琴罷輒擧酒 酒罷輒吟詩(금파첩거주 주파첩음시)

三友遞相引 循環無已時(삼우체상인 순환무이시)

오늘 북창 아래 무엇을 하느냐 스스로 묻네.

기쁘게도 세 벗을 얻었으니 세 벗은 누구인가.

거문고를 뜯다 술 마시고 술 마시다 시를 읊네.

세 벗이 번갈아 이끄니 돌고 돎이 끝이 없어라.

백거이는 어떤 사람이었을까?

¶백거이(白居易): [인명] 중국 당나라의 시인(772~846). 자는 낙천(樂天). 호는 향산거사(香山居士)·취음선생(醉吟先生). 일상적인 언어 구사와 풍자에 뛰어나며, 평이하고 유려한 시풍은 원진(元稹)과 함께 원백체(元白體)로 통칭된다. 작품에 「장한가」, 「비파행」이 유명하고, 시문집에 『백씨문집』 따위가 있다. ≒백씨(白氏).

취음선생(醉吟先生)이라는 호를 썼다는 게 눈에 띈다. 백거이가 남긴 3천여 편의 시 중 술을 소재로 삼은 게 약 800편 정도라고 하니 얼마나 술을 좋아했는지 충분히 짐작할 수 있다. 국어사전에 백거이의 술과 관련한 낱말이 하나 더 있다.

¶묘음(卯飮): 묘시, 곧 아침에 술을 마신다는 뜻으로, 해장술을 마심을 이르는 말.

묘시는 아침 5시~7시 사이를 말한다. 풀이에는 백거이라는 이름이 들어 있지 않지만 백거이의 시에 '묘음(卯飮)'이라는 제목을 가진 게 있다. 일부를 옮기면 이렇다.

卯飮一杯眠一覺(묘음일배면일각)
世間何事不悠悠(세간하사불유유)

해장술 한잔 마시고 잔 뒤 일어나면
이 세상 어떤 일도 걱정할 게 없네.

아침에 마시는 술을 좋아한 백거이는 「묘음(卯飮)」 외에 '묘시주(卯時酒)'라는 제목의 시도 남겼다. 아침에 거문고를 뜯으며 술 마시는 백거이의 모습을 상상해보면 세상사 모두 버리고 유유자적하는 한량의 모습이 그려진다. 하지만 백거이가 처음부터 그랬던 건 아니다. 물론 젊었을 적 과거시험을 준비할 때 친구의 옷을 저당 잡혀 술을 마셨다는 얘기가 전할 정도로 술을 좋아하긴 했다. 그러면서도 초기에는 시를 풍자와 교화의 수단으로 삼아 부조리한 세상을 비판하고 백성들의 곤궁한 삶을 위로하는 작품을 많이 썼다. 그 당시 백거이가 주창한 신악부(新樂府) 운동을 국어사전에서는 이렇게 풀고 있다.

¶신악부(新樂府): [음악] 중국 육조 이전의 오언(五言) 악부에 대하여, 당나라 중기에 시작된 칠언가시(七言歌詩)의 새로운 악부. 특히 백거이가 주장한, 백성의 희로(喜怒)를 노래하고 당나라의 폐단을 풍자한 악부를 이른다.

시를 통해 사회를 개혁하고자 하는 백거이가 권력자들의 눈에 좋게 보일 리 없었다. 결국 백거이는 먼 지방으로 좌천을 당했으며, 말년에는 뤄양(洛陽, 낙양)에 정착하여 취음선생(醉吟先生)이라는 호를 짓고 거문고와 술과 시를 벗하며 지내는 생활을 했다(표준국어대사전에 이름을 올린 당나라 때의 시인 피일휴(皮日休)도 취음선생(醉吟先生)이라는 호를 썼다).

우리나라에도 '묘음(卯飮)'이라는 제목으로 시를 쓴 사람이 있다.

今朝飮狂藥 頗覺頭岑岑(금조음광약 파각두잠잠)
尙難剛斷却 輒欲緩愁心(상난강단각 첩욕완수심)

오늘 아침 술을 마셨더니 머리가 몹시도 아프네
단번에 끊기 어려우니 쓸쓸한 마음이나 달래려 하네

    고려 시대 이규보(李奎報)가 남긴 작품이다. 첫 행에 나오는 광약(狂藥)은 술을 뜻하는 말로, 국어사전에도 실려 있다. 이규보의 호 중에 삼혹호선생(三酷好先生)이 있는데 세 가지를 매우 좋아한다고 해서 붙인 이름이다. 이규보가 좋아했던 세 가지는 백거이와 마찬가지로 시, 술, 거문고였다. 이규보가 백거이의 시와 삶을 꽤 좋아했던 모양이다.

술 취한 코끼리, 술 취한 스님

사람도 술에 취하면 정신을 못 차리는데 만일 동물이 술을 마시고 취하면 어떻게 될까? 국어사전에 술 취한 코끼리가 등장한다.

¶취상(醉象): 1. 술에 취한 코끼리라는 뜻으로, 미쳐 날뛰듯이 매우 거칠고 사나운 것을 비유적으로 이르는 말. 2. '악심'을 달리 이르는 말.

코끼리가 왜 술을 마셨을까? 그런 코끼리가 있기는 했던 걸까? 여러모로 궁금증을 불러일으키는 말이다. 우리나라에는 코끼리가 없었으므로, 저 말은 분명 다른 나라의 사례나 전승담에서 비롯했을 것이다. 결론 삼아 이야기하면 불교 경전에 술 취한 코끼리가 나

온다. 출처마다 이야기의 세목이 조금씩 다르긴 하지만 큰 줄거리
는 비슷하다.

1세기경에 인도의 마명(馬鳴)이 부처의 생애를 서사시 형태로 서
술한『불소행찬(佛所行讚)』의「수재취상조복품(守財醉象調伏品)」
에 나오는 이야기를 간략히 전하면 이렇다.

왕사성에 사는 제바달다라는 사람이 질투에 눈이 멀어 부처님
을 죽이려고 했다. 그래서 코끼리에게 술을 잔뜩 먹여 길거리에 풀
자 거리를 누비며 사람을 해치는 바람에 두려움에 떨던 사람들이
모두 집에 들어가 나오지 않았다. 부처님이 성으로 들어서는 걸 본
사람들이 술 취한 코끼리가 사람들을 해치고 있으니 들어오지 말
라고 했다. 하지만 부처님은 두려워하지 않고 코끼리를 향해 나아
갔다. 함께 따르던 제자들은 모두 도망쳤고 오직 아난만이 부처님
곁에 서 있었다. 그때까지 미쳐 날뛰던 코끼리는 부처님을 본 순간
정신을 차리고 부처님 발밑에 꿇어 엎드렸고, 부처님은 코끼리의
머리를 쓰다듬어 주었다.

부처님의 공덕이 얼마나 높았는지 보여주는 이야기이다. 이 일화
는 코끼리가 발밑에 엎드렸다는 뜻의 취상조복(醉象調伏)이라는
용어로, 여러 조각품이나 불화에 등장한다. 부처님의 생애를 여덟
가지 모습으로 그린 팔상도(八相圖)의 소재로 나타나기도 한다.

취상조복(醉象調伏)이라는 말은 국어사전에 없는데, 취상과 함께 이 말도 실으면서 유래까지 밝혀주면 어땠을까 싶다.

불교 이야기가 나왔으니 이번에는 술 취한 스님 이야기를 해보자.

¶승인취주(僧人醉酒): 승려가 술에 취한다는 뜻으로, 아무짝에도 쓸모없고 도리어 해로움을 비유적으로 이르는 말.

이 말은 조선 중기의 문인 홍만종(洪萬宗, 1643~1725)이 쓴 『순오지(旬五志)』에 나온다. 이 책에는 사람들 사이에 전해오는 속담을 한자성어로 만든 것들이 실려 있는데, 승인취주(僧人醉酒)는 그중의 하나이다. 무용지물을 뜻하는 말로 성어 여덟 개를 함께 실었는데, 어쩐 일인지 국어사전에 다른 것들은 보이지 않는다. 나머지 일곱 개를 소개하면 다음과 같다.

春雨數來(춘우삭래): 자주 오는 봄비.

石墻抱腹(석장포복): 배부른 돌담장.

沙鉢缺耳(사발결이): 귀가 떨어져 나간 사발.

老人潑皮(노인발피): 노인의 두꺼운 뱃가죽.

小兒捷口(소아첩구): 말을 빨리 놀리는 어린아이.

泥佛渡川(니불도천): 진흙 부처 개울 건너기.

家母手鉅(가모수거): 손이 큰 지어미.

불가의 계율로 스님들에게 음주를 금하고 있다지만, 술도 음식으로 친다면 마시지 못할 일도 없긴 하겠다. 그래도 사람들의 눈을 의식하지 않을 수 없었던 탓에 스님들 세계에서는 술을 곡차 혹은 반야탕이라는 말로 바꿔 부르기도 했다.

¶곡차(穀차): [불교] 절에서, '술'을 이르는 말. 조선 시대에 진묵 대사가 술을 좋아하였는데 술을 '술'이라고 부르기가 겸연쩍어 '차'라고 하고 마신 데서 유래한다. ≒곡다(穀茶).
¶반야탕(般若湯): 승려들의 은어로, '술'을 이르는 말.
¶현수(玄水): [불교] '술'을 불교에서 이르는 말.

간혹 스님들이 술과 도박을 즐긴다는 보도가 나와서 사람들에게 빈축을 사는 경우가 있다. 속세에 사는 이들도 마찬가지지만 종교인들에게는 절제의 미덕이 더욱 요구되는 까닭이다. 그럼에도 어떤 집단이든(그게 비록 거룩한 이들이 모인 집단일지라도) 절제에 능하지 못한 이들은 있기 마련이다. 조선 시대에도 술에 취해 다른 사람들 눈살을 찌푸리게 한 스님들이 꽤 있었던 모양이다.

술의 나라는 어떤 나라일까?

술꾼이라면 누구나 한 번쯤 술의 나라, 주국(酒國)으로 들어가 살고 싶다는 꿈을 꾸어본 적이 있으리라.

¶주국(酒國): 1. 술을 많이 생산하는 나라. 2. 술에 취하여 느끼는 딴 세상 같은 황홀경.

첫 번째 풀이에 나오는 뜻으로 주국(酒國)이라는 말을 쓰는 경우가 있을까? 중국이 워낙 다양하고 많은 술을 생산하므로, 중국이 주국(酒國) 소리를 들을 법하긴 하지만 그런 뜻으로 사용한 용례는 찾기 힘들다. 그저 한자의 뜻만 고지식하게 풀어놓은 것으로 보인다. 그보다는 두 번째 풀이에 나온 비유적인 뜻으로 사용하는 게 일반적인 용법이 아닐까?

명나라 때 문인 진계유(陳繼儒)의『암서유사(巖棲幽事)』에 주국(酒國)이 등장한다.

硯田無惡歲(연전무악세)
酒國有長春(주국유장춘)

글쓰기에는 흉년이 없고
술 있는 곳은 언제나 봄이지요.

강릉 오죽헌에 가면 이 글을 김정희의 글씨로 판각하여 툇마루 기둥에 10폭 주련(柱聯)으로 만들어 걸어놓은 걸 볼 수 있다.

한편 술의 나라에 걸맞은 헌법을 만들어 발표한 사람이 있다. 일제강점기에 문필가로 활동한 차상찬(車相讚, 1887~1946)이 주인공이다. 차상찬은 잡지『별건곤(別乾坤)』19호(1929년)에 주천자(酒賤子)라는 필명으로 '주국헌법(酒國憲法)'이라는 제목의 글을 발표했다. 술 나라에 적용할 헌법을 만들었으니 진정한 술꾼들은 그대로 따르라는 뜻을 담아서 쓴 글이다. 헌법 체계에 따라 전문과 총 29조의 조문을 담았다.

맨 앞의 전문에 해당하는 내용은 "여(余)가 일반국민(一般麴民)의 음복(飮福)을 증진(增進)하고 국가(麴價)의 융창(隆昌)을 도

(圖)하며 세계평화(世界平和)를 영원유지(永遠維持)하기 위하여 자(玆)에 주국헌법(酒國憲法)을 발포(發布)하노라"라고 되어 있다. 그런 다음 "이 헌법(憲法)에 위반(違反)하는 자는 일 년간 금주국(禁酒國)에 유배(流配)함"이라는 말을 덧붙였다. 주국헌법을 어기면 술 마실 자격이 없다는 얘기다.

다소 익살스러운 내용으로 조문을 채우고 있는데 그중에 제21조만 소개하기로 한다.(일부 표기는 현대 표기에 맞도록 바꾸었음.)

제21조 좌기(左記)에 해당한 자는 주국(酒國)의 십불출(十不出)로 인(認)함.

1. 술 잘 안 먹고 안주만 먹는 자.

2. 남의 술에 제 생색내는 자.

3. 술잔 잡고 잔소리만 하는 자.

4. 술 먹다가 딴 좌석에 가는 자.

5. 술 먹고 따를 줄 모르는 자.

6. 상갓집 술 먹고 노래하는 자.

7. 잔칫집 술 먹고 우는 자.

8. 남의 술만 먹고 제 술 안 내는 자.

9. 남의 주석(酒席)에 제 친구 데리고 가는 자.

10. 연회주석(宴會酒席)에서 축사 오래하는 자.

제13조에서는 사람이 술을 먹되 술이 사람을 먹지 않도록 해야한다는 구절이 있는 등 전체적으로 건전한 음주 문화를 장려하는 내용으로 되어 있다. 주국헌법에 따르면 주국(酒國)의 주권자(酒權者)가 되는 것도 쉬운 일은 아니다. 그만큼 절제와 술자리의 예절을 지켜야 하기 때문이다. 재미 삼아 작성한 글이긴 하지만 술꾼들이 한 번쯤 읽고 자신의 술버릇을 점검해보는 계기로 삼는 것도 나쁘지는 않을 것이다.

마지막으로 소개할 건 '주국(酒國)'이라는 제목으로 된 소설이 있다는 사실이다. 장이머우(張藝謀) 감독의 영화 「붉은 수수밭」의 원작자이자 2012년에 노벨문학상을 받은 중국 소설가 모옌(莫言)이 1993년에 발표한 작품으로, 주꾸어(酒國)라는 가상의 도시에서 일어나는 일을 그렸다. 술을 마시고 도덕심을 잃은 채 아이들을 잡아먹는 주꾸어 사람들의 모습을 통해 경제 발전에 따른 현대인의 욕망과 그 이면을 다루고 있다는 평을 받은 작품이다. 모옌에 따르면 술의 나라는 아름다운 나라가 아니라 상상하기 힘들 만큼 끔찍한 나라의 상징이라고 하겠다. 우리나라에서는 '술의 나라'라는 제목으로 번역되어 나왔다.

2부
소주의 세계

소주(燒酒)와 소주(燒酎)

  우리나라 사람들이 가장 많이 마시는 술은 단연 소주다. 소주가 우리나라에 들어온 건 고려 시대 원나라를 통해서였다고 알려져 있다. 소주의 최초 발상지는 아랍 지역인데, 몽골 군대가 아랍을 정벌할 때 그곳에서 '아락'이라고 부르던 술의 제조법을 배워왔고, 그게 고려까지 전해졌다는 것이다. 소주를 옛날에 아라키주, 아락주, 아랑주 등으로 불렀던 건 그런 유래에서 비롯된 것이다. 그런 흔적을 다음 낱말에서 찾아볼 수 있다.

  ¶아랑주(--酒): 1. 소주를 고고 난 찌꺼기로 만든, 질이 낮고 독한 소주. 2. 심마니들의 은어로, '술'을 이르는 말.

조선 시대까지 조상들이 빚어 마시던 전통 소주는 증류주였다. 소주(燒酒)에 쓰인 한자 소(燒)는 '불사르다, 불태우다'의 뜻을 지니고 있다. 증류주인 전통 소주는 소줏고리(소주를 내리는 데 쓰는 재래식 증류기)에 불을 때서 그 안에 담긴 밑술을 증류시켜 받아내는 술이다. 지금도 전통 주조 방법을 사용해서 소주를 내리는 경우가 있지만, 우리가 즐겨 마시는 소주는 증류주가 아닌 희석식 소주다. 희석식 소주는 주정(酒精)에 물을 타서 만드는 소주다. 그래서 표준국어대사전은 소주를 이렇게 두 가지로 풀이하고 있다.

¶소주(燒酒): 1. 곡주나 고구마주 따위를 끓여서 얻는 증류식 술. 무색투명하고 알코올 성분이 많다. 2. 알코올에 물과 향료를 섞어서 얻는 희석식 술.

우리나라에 최초로 희석식 소주 공장이 들어선 건 1919년 6월 15일 평양에 일본인이 세운 조선소주주식회사이다. 그리고 넉 달 후인 10월 12일 인천 선화동에 역시 일본인이 조일양조주식회사를 세웠다. 조선소주주식회사가 등장하는 옛 기사 하나를 보자.

평양교구뎡(平壤橋口町) 조선소주주식회사(朝鮮燒酎株式會社)는 평양에서 무역상 하는 재둥구태랑(齋藤久太郎)을 사댱으로 한 회사인대 그 회사의 지배인 송본초차랑(松本初次郎)은 부하에 잇

는 사무원들과 공모하고 세금을 속힐 생각으로 작년 류월부터 십
이월까지 전후 칠십삼회나 소주 제조한 석수를 속히인 바 그 속힌
소주의 석수가 일천이백칠십오석이오 그에 대한 세금이 일만삼천
구십사원 오십오전인대 이 일이 금년 십월에 발각되야……

—『동아일보』, 1922.10.31.

위 기사에 나오는 조선소주주식회사의 한자 표기를 잘 보면 소
주(燒酒)가 아니라 소주(燒酎)라고 한 게 눈에 띈다. 우리 옛 문헌
에는 소주를 표기할 때 항상 '酒'를 썼으나 일제강점기부터 '酎'로
바뀌었다. 자전에서 '酎'를 찾으면 이렇게 나온다.

¶酎: 1. 전국술(全-: 군물을 타지 아니한 진국의 술) 2. 세 번 빚
은 술. 3. 술을 빚다.

주(酎)는 위 풀이처럼 진하고 독한 술이라는 뜻을 담고 있는데,
우리는 쓰지 않고 일본에서 주로 쓰던 한자다. 일본에서는 소주(燒
酒)와 소주(燒酎) 둘 다 사용하고 있는데, 일본 소주는 소주(燒酎),
한국과 중국 소주는 소주(燒酒)로 구분해서 표기하고 있기도 하
다. 일제강점기에 시작된 표기인 소주(燒酎)는 국어사전에는 실려
있지 않지만 해방 후부터 지금까지 소주 회사에서 줄곧 사용해 왔
다. 지금은 대부분의 소주병에서 한자 표기가 사라졌지만 예전 소

주병에 소주(燒酒) 대신 소주(燒酎)라고 적혀 있던 걸 기억하는 사람들이 많을 것이다. 전통 소주임을 자랑하는 안동소주는 지금도 여전히 병과 포장 상자에 소주(燒酎)라는 표기를 사용하고 있다.

1919년부터 지금까지 시중에 상표를 달고 나왔던 소주 이름은 수백 개에 달할 것이다. 그중에는 듣도 보도 못하던 특이한 이름들도 많다.

일제강점기에 나왔던 월선(月仙)소주, 영월(英月)소주, 금강(金剛)소주, 칠성(七星)소주, 풍락(豐樂)소주 같은 이름은 물론 해방 직후에 나온 범표소주, 금련(金蓮)소주 같은 이름들도 생소하기만 할 것이다. 그나마 나이 드신 분들 중에는 '비운의 삼학(三鶴)소주'를 기억하는 이들이 많을 듯하다. 1947년 목포양조주식회사로 출발해 삼학양조로 이름을 바꾼 뒤 내놓은 삼학소주는 1960년대 전국 소주 시장의 60~70%를 차지했다고 할 만큼 명성이 대단했다. 그러다 몰락하게 된 계기는 1971년 대통령 선거에서 김대중 후보가 박정희에게 아쉽게 패배했던 일 때문이라는 이야기가 있다. 삼학양조가 김대중 후보의 자금줄 역할을 했으며, 그로 인해 박정희 정권에 괘씸죄를 사서 납세필증을 위조해서 탈세했다는 혐의로 세무조사를 받고 사장이 구속됨으로써 내리막길을 걷기 시작했다는 것이다.

삼학소주를 몰락의 길로 몰아갔다는 혐의를 받는 박정희가 즐겨 마셨다는 소주가 있다.

된장찌개와 깍두기만은 꼭 갖추게 마련인 저녁때면 백구소주 한 두 잔을 반주로 삼는다고 측근자들은 나지막한 소리로 일러주었다. "대통령의 요즘 주량은?" 하고 물으면 "내가 알기에 각하께서는 약주 드실 겨를도 좀처럼 없습니다." 이실장의 대꾸는 퉁명스러울 정도.

육군 일선 지휘관 시절 당시만 해도 두주불사라는 관록을 자랑했다는 박대통령의 최근의 주량은 아직 미지수이지만 애주가라는 호(號)만은 건재하다는 설-.

『경향신문』 1964년 1월 11일 자에 "새주인 들어선 지 25일"이라는 제하에 청와대 주변의 모습을 스케치한 기사의 일부다. 기사에 나오는 백구소주는 당시에 대구에서 판매하던 소주다. 그 무렵 대구에서 서로 경합을 벌이던 소주가 세 종류 있었다. 선전 문구가 재미있는데 각각 전신만신 백구소주, 최고소주 금복주, 오나가나 동백소주라고 했다. 그러다 나중에 금복주가 시장을 장악하면서 백구소주와 동백소주는 역사의 뒤안길로 사라졌다.

한주(汗酒)와 한주(-酒)

소주를 나타내던 이름은 여러 가지가 있다. 그중에 같은 이름이지만 표기가 다른 두 개의 한주가 있다. 한국민족문화대백과사전에 "소주는 술덧을 증류하여 이슬처럼 받아내는 술이라 하여 노주(露酒)라고도 하고, 화주(火酒) 또는 한주(汗酒)라고도 한다"라는 구절이 나온다. 이 기록에 나오는 한주(汗酒)는 표준국어대사전에는 없고 고려대한국어대사전에서 찾을 수 있다.

¶한주(汗酒): 발효된 곡류나 고구마 등을 증류해서 만든 맑고 투명한 술. 막걸리와 더불어 우리나라 서민들이 즐겨 마시는 대중적인 술이다.

유의어로 노주(露酒)와 소주(燒酒)를 제시하고 있으며, 두 낱말의 풀이도 한주(汗酒)와 똑같다. 한(汗)은 땀을 뜻하는 한자어로 증류시킬 때 소줏고리에 맺히는 소줏방울이 마치 땀방울 같다고 해서 붙인 이름이다. 이슬에 빗대어 노주(露酒)라고 한 것과 같은 발상에서 나온 말이다.

이번에는 다른 한주를 보자. 먼저 표준국어대사전에 나오는 풀이이다.

¶한주(-酒): '소주'를 달리 이르는 말.

아무런 설명 없이 소주의 다른 이름이라고만 하니 선뜻 믿음이 안 간다. 소주를 한주라고 부르게 된 이유에 대한 설명이 없거니와, 한주(汗酒)를 이야기한다는 게 실수로 한(汗)이라는 한자를 빼먹은 게 아닌가 싶은 마음마저 든다. 그런데 이 낱말을 고려대한국어대사전에서 찾으면 이런 풀이가 나온다.

¶한주(-酒): 제주도에서 나는 소주.

이 풀이대로라면 한주가 제주도에서 제조하던 전통 소주라는 말인데, 이런 설명 역시 낯설게 다가온다. 소주가 몽골에서 전래되었고, 제주에 말 목장을 만들어 관리하던 몽골인들이 많이 거주했다는 사실에 비추어보면 제주가 옛날부터 소주를 제조해왔으리란 걸 어렵지 않게 짐작할 수 있다. 하지만 지금 제주에서 전통 소주의 대명사로 통하는 건 한주가 아니라 제주도 무형문화재 제11호로 지정되어 있는 고소리술이다. '고소리'는 소주를 내릴 때 쓰는 소줏고리를 가리키는 제주 방언이다. 제주도 술이라면 오메기술을 떠올리는 사람이 많을 텐데, 오메기는 좁쌀 혹은 좁쌀로 만든 떡을 말하는 제주 방언이다. 그러므로 오메기술은 좁쌀로 만든 떡을 이용해 빚은 술을 말한다. 오메기술은 청주에 해당하며, 이 오메기술을 증류시킨 게 고소리술이다. 혹시 고소리술을 옛날에 한주라는 말로 부르기도 했던 걸까?

김희숙(60) '제주 술 익는 집' 대표는 "고소리술이 어떤 술이냐"는 질문에 어릴 적 기억부터 꺼내 들었다. 그는 "20년 넘게 해오던 공무원 생활을 접고, 아무도 알아주지 않는 길을 선택한 이유도 어릴 적 기억 속에 남아 있는 어머니의 술 냄새 때문"이라며 "고소리술을 지켜야 하는 이유로 그것만으로도 충분했다"고 말했다. 제주 고소리술은 어머니의 향이 배어 있다고 해서 '모향주(母香酒)'라고 하거나, 힘든 삶을 버텨야 했던 어머니들의 한이 담겨 있어 '한주(恨酒)'라고도 불린다.

—『한국일보』, 2019. 2. 23.

기사에 한주(恨酒)라는 말이 나온다. 한이 서려 있다는 뜻의 한 자를 사용했다는 건데, 국어사전에는 한자 표기가 없어 둘이 같은 걸 말하는지는 분명하지 않다. 다만 위 기사의 내용에서 볼 수 있 듯 한주(-酒)가 됐건 혹은 한주(恨酒)가 됐건 정식 명칭은 아니었던 것으로 보인다.

예전에 제주에서 '한주'라는 이름을 달고 소주를 만들어 팔던 적이 있었다. 1955년에 제주에 있는 한일양조장이 '한주'라는 상품명의 소주를 만들어 팔다가 얼마 안 돼 이름을 '한일'로 바꾸었다. 바꾼 이유는 모르겠으나 잠시나마 '한주'라는 이름을 단 소주가 제주에서 판매된 적이 있다는 건 분명한 사실이다. 한일양조장은 이후 ㈜한일로 상호를 변경하고 1993년부터 '한라산'이라는 상품명을 가진 소주를 생산해서 판매하고 있다.

제주가 아니라 안성에서 만드는 한주도 있다. 송절주(松節酒) 기능 보유자로 서울 무형문화재 제2호로 지정받은 이성자 명인이 한주의 주인공이다. 처음에는 옥천에 양조장을 차렸으나 지금은 안성에다 한주양조라는 주조 업체를 차려 한주를 생산하고 있다. 술병에 '흔酒'라는 표기를 사용하고 있다.

끝으로 소주의 다른 이름인 기주(氣酒)에 대해 한마디 해야겠다. 증기를 액화시켜 만든 술이라는 뜻으로 만든 말인데, 고려대한국어대사전에만 실려 있다. 다만 표기를 '기주(氣酒)'가 아니라 '기주(祈酒)'라고 잘못 표기한 게 걸린다.

노주(露酒)와 진로(眞露)

　현재 시중에서 판매되고 있는 소주의 종류는 무척 많다. 그중에서 술꾼들에게 친숙하면서 가장 많이 찾는 게 '진로'일 것이다. 진로(眞露)를 풀어서 '참이슬'이라는 상표로 내놓아 큰 인기를 끌기도 했다. 진로소주는 장학엽 씨가 1924년 10월 평안남도 용강군에서 두 명의 동업자들과 진천양조상회(眞泉釀酒商會)를 만들어 판매한 게 시초다. 진로(眞露)라는 상품명은 양조장 소재지인 진지동(眞池洞)의 앞 글자와 소주의 다른 이름인 노주(露酒)의 앞 글자를 따서 만들었다. 손혜원 씨가 작명한 '참이슬'은 진로를 순우리말로 풀어 내서, 이전까지 형성되어 있던 독한 소주라는 선입견에서 벗어나 깨끗하고 시원한 느낌을 주는 소주라는 이미지를 만들어냈다. '참이슬'과 쌍을 이루는 소주 '처음처럼'도 손혜원 씨가 지은 이름이다.

¶노주(露酒): 이슬처럼 받아 내린 술이라는 뜻으로, '소주'(燒酒)를 달리 이르는 말.

노주(露酒)라는 말은 밑술을 증류시킬 때 소줏방울이 이슬처럼 똑똑 떨어진다고 해서 붙인 이름이다. 이 노주가 진로라는 이름 속으로 스며든 셈이다.

조선 영조 때 유중림이 엮은 『증보산림경제(增補山林經濟)』에 「노주소독방(露酒消毒方)」이라고 해서 소주의 독성을 제거하는 방법을 설명한 게 실려 있다. 처음 받은 노주는 너무 독해서 맛도 안 좋고 사람 몸에도 안 좋으므로 독성을 제거하고 맛을 높여줄 방법이 필요하기 때문이었다. 구체적인 방법으로는, 소주를 내릴 때 병 바닥에 꿀을 적당히 바르면 독이 빠지고 술맛이 좋다고 한다. 또 술 받는 병 주둥이에 모시 헝겊을 대고 그 위에 계피와 사탕가루를 놓아두거나, 새로 돋아난 당귀(當歸)를 꺾어 병 안에 넣고 술을 받으면 독한 기운이 묽어지고 맛도 좋다고 한다.

중국에도 노주(露酒)라는 이름을 가진 술이 있다. 중국의 노주는 우리의 소주와는 다른 술이다. 중국어사전에서 노주(露酒)를 찾으면 과즙이나 꽃향기의 맛이 나도록 한 술이라고 한 풀이가 나온다.

이야기를 다시 진로소주로 옮겨가보자. 진천양조상회는 적자로 문을 닫았으며, 그 후 창업주 장학엽 씨는 여러 우여곡절을 겪었고, 한국전쟁 때 부산으로 내려와서 '낙동강'이라는 이름의 소주를 만들어 팔기도 했다. 진로가 지금의 위치에 올라선 건 변일규라는 사람에게 동업 제의를 받고 1954년 6월 영등포 신길동에 서광주조주식회사를 세우면서부터였다. 이때부터 다시 '진로'라는 이름을 사용했고, 다양한 영업 방식을 통해 판매망을 급속히 늘려갔다. 그당시 서울에는 명성, 백마, 명마, 새나라, 옥로 등 다양한 이름을 가진 소주들이 출시되어 경쟁을 벌이고 있었다. 그런 가운데 기발한 방법의 판촉과 경품 행사 등을 통해 다른 소주들과의 경쟁에서 우위를 차지하기 시작했다.

진로 하면 두꺼비 상표를 떠올리게 되고, 한때는 두꺼비가 소주라는 말의 대명사처럼 쓰이기도 했다. 하지만 처음부터 진로의 상표 도안에 두꺼비가 들어갔던 건 아니다. 진천양조상회에서 진로를 만들어 팔 때는 원숭이를 도안으로 썼다. 왜 하필 원숭이였을까? 몇 가지 이유가 전해진다. 우선 원숭이가 사람을 닮아 영리하고 지혜롭다고 해서 평안도 지방 사람들이 복신(福神)처럼 떠받들었기 때문이라는 말이 있다. 한편 원숭이가 술을 마시는 동물이라서 그랬다는 얘기도 있다. 정말 원숭이가 술을 마실 줄 알았을까? 몇몇 나라에서 원숭이가 술을 담글 줄 알았다는 전설이 전해진다. 특히 가까운 일본에 원숭이술에 대한 전설이 있어, 그게 영향을 미쳤을 수도 있다. 전설의 내용은 세상에 회의를 느낀 사람이 산속에 들어가 살며 원숭이와 친하게 지냈는데, 어느 날 원숭이를 따라가 보니 원숭이가 담근 머루주가 있었다고 한다. 물론 전설이니만큼 믿을 만한 말은 못 된다. 그럼에도 원숭이와 코끼리 같은 동물이 웅덩이 같은 곳에 과일을 저장했는데 그게 발효되어 술이 되었다는 이야기는 꽤 퍼져 있다. 실제로 일본어사전에는 원숭이가 담근 술이라는 뜻을 지닌 낱말이 실려 있다.

¶さるざけ(猿酒): 원숭이가 나무 구멍 등에 저장해둔 열매가 자연 발효하여 술처럼 된 것.(동의어 ましら酒)

현재 우리나라에서 원숭이를 내세운 술을 만들어 파는 곳이 있다는 걸 아는 사람이 얼마나 될까? 용인에 있는 술샘양조장에서 '술 취한 원숭이'와 '붉은 원숭이'라는 두 가지 상표를 붙인 술을 만들어 판매하고 있다. 둘 다 막걸리에 해당하는 술이다.

진로가 원숭이를 버리고 두꺼비를 내세운 건 신길동에 서광주조 주식회사를 차린 다음부터였다. 북쪽 지방과 달리 남쪽에서는 원숭이를 교활한 동물로 인식하는 경향이 강했기 때문이라고 한다. 그래서 고심 끝에 복두꺼비에 착안하여 두꺼비를 도안에 넣었다고 한다. 참고로 국어사전에 떡두꺼비와 업두꺼비는 있지만 복두꺼비라는 낱말은 없다.

팔선소주와 칠선주

옛날에 빚어 마시던 전통 소주를 이르는 명칭이 국어사전에 여럿이다. 그중의 하나가 팔선소주다.

¶팔선소주(八仙燒酒): 소방목, 방풍, 창출, 송절, 선모, 모과, 쇠무릎, 하수오 따위를 한데 달여낸 물에 찹쌀을 담가서 증류한 소주. ≒팔선주.

여덟 가지 재료를 넣어서 '팔선'이라는 말을 붙였겠지만, 그와 함께 중국 고전에 팔선(八仙)이 자주 등장하니 그런 연유도 작명에 영향을 미쳤을 것으로 짐작된다. 줄여서 팔선주라고도 한다. 팔선주는 변산과 부안 쪽에서 빚은 게 유명하다는 기록이 있고, 충북 단양에서는 제세팔선주(濟世八仙酒)라는 이름으로 이어져왔다고 한다. 제세팔선주를 지금은 추성주라는 이름으로 바꾸어 제조하고 있다.

그런데 이런 전통주로서의 팔선소주 말고 그냥 '팔선(八仙)'이라는 이름을 달고 판매된 소주가 있었다. 경북 청도에 있는 청도약주주식회사가 만들어서 팔았는데, 전통 방식 그대로 주조했는지는 알 길이 없다. 팔선소주는 1960년대 무렵에 판매했던 것으로 짐작이 되는데, 남아 있는 자료가 거의 없고 병 사진 정도만 전해진다. 이처럼 지금은 기억하는 이도 거의 없을 정도로 흔적이 사라진 소주들이 무척 많다. 청도만 해도 비슷한 무렵에 판매되던 왕로소주, 신풍소주, 유천소주가 있었다.

정말 특이한 이름을 가진 소주 이름 두 개를 소개하려고 한다. 혹시 달나라소주와 007소주라는 이름을 들어본 적이 있는가? 정말 그런 이름의 소주가 있었냐고 물을 사람이 많겠다.

달나라소주는 풍한발효주식회사가 1964년에 시판을 시작했다. 원래 월국(月國)소주라고 하려다 친근한 한글 이름으로 바꿨다는 얘기가 있다. 농림부장관이자 국회의원을 지낸 정운갑 씨가 초대 사장을 지냈으며, 공장은 영등포에 있었다.

007소주는 태평양양조에서 1966년에 시판을 시작해 1970년대까지 인기를 끌었다. 미성소주(美星燒酒)도 함께 팔았는데, 장사가 잘되어 이도순 대표가 1967년에는 개인 납세자 4위에 오르기도 했다. 태평양양조 소재지는 서울 마포구 서교동이었고, 지금 수집가들이 모아놓은 병에는 태평양주조공업사라고 찍혀 있다.

팔선소주로 이야기를 시작한 김에 마지막으로 칠선주(七仙酒)라는 술을 소개하려고 한다. 칠선주는 국어사전에 올라 있지 않지만, 지금도 생산하고 있는 술이다. 칠선주(七仙酒)는 1777년 조선시대 정조 원년에 인주(仁州), 즉 지금의 인천에서 빚었다는 기록이 있으며, 그 후 줄곧 궁중에 진상되던 술이다. 『동의보감』을 비롯해 『규합총서』, 『산림경제』, 『양주방』 등에 기록이 남아 있다. 인삼과 구기자, 산수유, 사삼, 당귀, 갈근, 감초의 일곱 가지 약재로 빚어 칠선주(七仙酒)라는 이름을 얻었다. 한동안 명맥이 끊겼다가 1990년에 정부가 각 시·도별로 전통 민속주를 지정하는 과정에서 인천의 술로 인정받으면서 부활하게 됐다. 칠선주를 부활시킨 사람은 전통주 명인 이종회 씨로, 현재 강화도 마니산 자락에 주조 회사를 차려서 생산하고 있다.

홍소주와 병자호란

국어사전에 빛깔을 나타낸 소주 이름 몇 개가 나온다.

¶백소주(白燒酒): 빛깔이 없는 보통 소주.
¶황소주(黃燒酒): 누런빛의 소주.
¶홍소주(紅燒酒): 홍곡을 우려 붉은 빛깔을 낸 소주.

셋 다 요즘이 아닌 예전에 부르던 술 이름이다. 황소주는 그다지 특별할 것이 없는 술로 비교적 쉽게 구해서 즐기던 술이라고 보면 된다. 백소주는 황소주에 비해 귀했고, 홍소주는 또 백소주보다 귀했다. 조선왕조실록 성종 임금 때의 기록을 보면 중국에 파견한 사신들이 선물로 가져갈 물품 목록에 백소주와 홍소주가 들어 있었다. 그만큼 좋은 술이었음을 알 수 있다.

홍소주는 홍곡으로 빛깔을 낸다고 했는데, 홍곡이 무언지 알아보자.

¶홍곡(紅麯): 중국에서 나는, 붉은빛으로 물들인 쌀. 백소주에 담가 붉은빛을 우려내서 홍소주를 만드는 데 쓴다.

중국에서 나는 홍곡(紅麯)이 조선에 흔했을 리 없으니 홍소주 역시 귀한 대접을 받았을 것임을 어렵지 않게 짐작할 수 있다. 조선왕조실록에 홍소주에 대한 특별한 기록이 몇 군데 있다.

형조(刑曹)에서 아뢰기를, "전연사(典涓司)의 종 비라(飛羅)가 내의원(內醫院)의 홍소주(紅燒酒)를 훔쳐 마신 죄를 상복(詳覆)하여 시행하기를 청합니다" 하니, 사형(死刑)은 감하기를 명하였다.
—『성종실록』235권, 성종 20년 12월 29일.

홍소주가 얼마나 귀하고 맛있는 술이었기에 감히 종이 내의원에 들어가서 술을 훔쳐 마셨을까? 그로 인해 귀한 목숨까지 잃을 뻔했으니 간이 배 밖으로 나왔던 모양이다. 그나마 임금이 술 훔쳐마신 죄로 사형까지 시키는 건 너무 한다 싶어 감형을 시켜주는 바람에 목이 떨어졌다 붙은 격이다.

홍소주는 여름철 더위를 이기는 데 약효가 있었던 듯하다. 다음 기록을 보자.

대간과 홍문관에 전교하기를, "날씨가 몹시 더운데 작은 일로 수고하므로 홍소주(紅燒酒) 네 병을 내리니, 마셔보라." 하였다.
— 『중종실록』 3권, 중종 2년 5월 28일.

상이 5월 초하루에 으레 진공하는 홍소주(紅燒酒)를 감하도록 명하였다. 내국(內局)이 무더위를 물리치기 위해서는 소주를 써야 한다고 하여 하루걸러 봉진하게 하도록 청하였으나, 상이 윤허하지 않았다.
— 『인조실록』 36권, 인조 16년 5월 2일.

예전에는 소주를 약으로 사용하는 일이 흔했으며, 두 기록 모두 더위를 물리치는 데 홍소주를 사용했음을 알 수 있는 내용이다. 그런데 왜 인조는 자신에게 올리는 홍소주를 감하도록 명했을까? 다른 기록에서 그 이유를 찾아볼 수 있다.

"신이 듣건대 상의원에서 은그릇을 만들어 홍소주(紅燒酒)를 빚는다고 합니다. 이것이 비록 어용에 관계되는 것이기는 하나 하필 은그릇으로 할 것이 있습니까. 상께서 내주방(內酒房)에서 올리는 술을 정지하도록 명하셨으니, 이 무익한 물건을 만드는 것은 더더욱 부당합니다. 이미 만들어 놓았다 하더라도 다시 부수어버리게 하소서." 하니, 답하기를, "아뢴 대로 하라. 주방의 은그릇은 소독하기 위한 것이지 미관을 위한 것이 아니니, 굳이 다시 부수어버릴 것은 없다.

　—『인조실록』34권, 인조 15년 윤4월 10일.

　위 기록에 나온 내용은 병자호란을 겪은 지 얼마 안 된 시점의 일이다. 전란으로 인해 국토가 절단나고 백성들이 가족을 잃거나 집이 폐허로 변하는 등 고난에 처한 상황이므로 임금이 솔선수범해서 검소한 생활을 하는 모습을 보여줄 것을 신하가 요청하는 대목이다. 이에 대해 다른 신하가 반론을 폈다. 은그릇이 아닌 구리솥을 사용해 보았더니 제대로 된 홍소주가 나오지 않더라며, 은은 독을 제거하기 위한 것이므로 계속 은그릇을 쓰도록 하자는 얘기였다. 양쪽 얘기에 시달리던 인조는 결국 은그릇을 부수도록 했다.

　원문에 은기(銀器) 혹은 은과(銀鍋)라고 나오는 건 술을 고을 때 소줏고리 아래에 받치는, 은으로 만든 솥을 말한다. 다른 술은 그렇지 않은데 홍소주를 내릴 때는 반드시 은으로 만든 솥이 필요했던 모양이다. 인조가 은솥을 부수어버리라고 해서 그랬던 걸까? 이후의 조선왕조실록에는 더 이상 홍소주가 등장하지 않는다.

　은으로 만든 솥을 사용하고 홍곡을 재료로 삼았으니 일반에서는 아무리 양반가일지라도 홍소주를 만들 생각을 하지 못했을 것이다. 병자호란이 홍소주를 없애버린 셈이다.

백세주(百歲酒)와 백세소주(百洗燒酒)

오십세주라는 게 있었다. 백세주가 한창 유행일 때 백세주와 소주를 반씩 섞어 마시던 술을 부르던 이름이다. 당연히 정식 명칭은 아니고 술꾼들이 재미 삼아 만든 음주 방식에서 나왔다. 그런데 이 오십세주 방식이 인기를 끌기 시작하자 주조사가 정말로 오십세주라는 상표를 단 술을 생산해서 판매하기도 했다. 백세주는 1992년부터 국순당에서 주조하기 시작했으며, 약주 계통의 술이다. 백세주라는 명칭은 조선 중기 이수광의 『지봉유설(芝峯類說)』에 실린 '구기백세주' 설화에서 따온 것으로 알려져 있다. 설화의 내용은 이렇다.

한 선비가 길을 가다 청년이 회초리로 노인의 종아리를 때리는 걸 보고, 어찌 그럴 수 있느냐며 꾸짖었다. 그런데 알고 보니 청년이 노인의 아버지라는 게 아닌가. 노인의 아버지인 청년은 구기자를 이용한 백세주를 마시고 더 이상 늙지 않게 됐는데, 오히려 아들이 늙어서 노인이 됐다는 거였다.

허황되다 싶을 정도로 구기자의 약효를 지나치게 과장해서 만든 이야기다. 그렇지만 이야기의 힘은 세서 사람들로 하여금 구기자가 대단한 효능을 갖고 있는 것처럼 인식하게 만드는 효과가 있었다. 백세주에는 실제로 구기자가 재료로 들어가며, 위 설화를 이용해서 광고를 하기도 했다.

그런데 국순당의 백세주 이전에 다른 백세주가 있었다는 사실을 아는 사람은 드물다. 1965년에 대한양조에서 '구기백세주(枸杞百歲酒)'를 만들어 시판했다. 광고문에 구기자와 여덟 가지의 약재를 넣어 만들었으며, '혈액 청정! 고혈압 방지! 정력 강화!'라는 문구가 들어 있었다. 하지만 생각만큼 인기를 끌지는 못했던 것으로 보인다.

백세주는 상표명이므로 국어사전에 올라갈 이유가 없긴 한데, 비슷한 낱말 하나가 눈길을 사로잡는다.

¶백세소주(百洗燒酒): 전통적으로 전해오는 소주의 하나. 쌀가루를 쪄내어 누룩과 함께 찬물에 담가두었다가, 담근 지 이틀 만에 찐 보리를 넣고 버무려 열흘 동안 덮어두었다가 고아낸다.

전통 소주 중에 정말 저런 게 있을까? 주조 방법까지 자세히 나와 있는 것으로 보아 분명히 옛 문헌 어딘가에서 가져왔을 것이다. 하지만 출처 표기가 없다 보니 어떤 자료를 참조했는지 알 길이 없다. 제대로 된 국어사전이라면 낱말의 출처를 밝혀주는 게 그래서 중요하다.

전통주 주조법에 대한 자료를 찾다 보면 백세(百洗) 혹은 백세작말(百洗作末)이라는 말이 자주 나온다. 백세(百洗)는 쌀(혹은 보리나 다른 곡식)을 백 번 씻는다는 뜻이고, 백세작말(百洗作末)은 그렇게 씻은 곡식을 부수어 가루로 만든다는 뜻이다. 모든 음식을 조리할 때도 마찬가지지만 술을 빚을 때도 정성이 필요하다. 그래서 곡식을 백 번은 과장일지라도 여러 번 깨끗이 씻는 과정이 필요하다. 그런데 위 백세소주(百洗燒酒)의 풀이에는 그런 말이 들어 있지 않다.

백세소주(百洗燒酒)의 문헌 근거를 찾지 못하다 박록담 씨가 지은 『한국의 전통명주3: 전통주 비법 211가지』라는 책에 백세소주(百歲燒酒)라고 표기된 걸 보게 되었다. 세(洗) 대신 세(歲)를 썼고, 보리가 원료로 더 많이 사용되는 만큼 보리소주라고 해야 할 듯한데 백세소주(百歲燒酒)라고 한 건 오래 건강하게 살라는 뜻으로 지었을 거라는 게 박록담 씨의 의견이다. 실제로 사전의 풀이와 같은 방법으로 주조하는 술을 보리소주라 부르는 사람도 있다. 다만

이 책의 내용 역시 출처를 따로 밝혀놓지 않아 정확성을 기하기는 어렵다.

국어사전에 나오는 다른 술 이름 하나를 더 보자.

¶모소주(麰燒酒): 밀과 누룩으로 만든 소주. =밀소주.

모(麰)는 보리를 뜻하는 한자다. 그런데 왜 풀이에서는 밀소주라고 했을까? 잘못된 풀이가 분명하며, 보리소주라고 했어야 한다. 옛 문헌에는 모소주 말고 모미소주(麰米燒酒)도 보이는데 같은 계통의 술이다. 보리소주는 보리로만 담그는 방법과 쌀과 보리를 함께 써서 담그는 두 가지 방법이 전해진다.

이쯤해서 접고, 백세주와 관련해서 소송이 벌어진 적이 있다는 얘기를 소개한다.

2003년에 특허법원에서 백세주와 관련한 판결이 있었다. 국순당 백세주가 잘 나가자 다른 업체가 신선백세주라는 이름으로 새로운 술을 내놓았고, 그로 인해 상표권 분쟁이 일어났다. 국순당으로서는 당연히 자신들이 먼저 만든 백세주라는 이름을 도용당한 것으로 판단해서 판매 중지를 요청했다. 그러자 상대 업체 대표가 백세주라는 이름은 우리나라의 전통주에 해당하는 일반 명칭이므로 누구나 쓸 수 있다며 소송을 걸었지만 법원은 국순당의 손을 들어주었다.

판결문에 이런 구절이 나온다.

원고 주장과 같이 '백세주'가 '쪄낸 쌀가루와 보리에 누룩을 넣어 곤 소주'의 명칭인 '백세소주(百洗燒酒)'를 의미하는 것은 아니므로…….

백세주가 백세소주를 의미하는 건 아니라는 말은, 백세주라는 명칭은 옛 문헌에 전통주로 기록된 게 없고 국순당이 자체 개발한 상표명이라는 얘기다. 판결문에 나오는 백세소주(百洗燒酒) 역시 국어사전과 마찬가지로 '씻을 세(洗)'를 썼는데, 국어사전의 표기를 따른 건지, 재판을 건 당사자가 낸 자료에 따른 건지 확실하지 않다. 두 표기 중 어느 게 맞는지는 정확한 출처 확인이 필요한 사항이다.

노주(老酒)에서 도라지 위스키까지

국어사전에서 술과 관련된 말을 찾아보다 아래 낱말을 발견했다.

¶노주(老酒): 1. 음력 12월에 담가서 다음 해에 거른 술. ≒납주(臘酒). 2. 술로 늙은 사람. 3. 중국에서, 찹쌀·좁쌀·수수 따위로 빚는 술을 통틀어 이르는 말.

두 번째 풀이를 보면서 꼭 나를 이야기하는 것만 같아 마음 한구석이 찔렸다. 첫 번째 풀이는 아마도 '늙을 로(老)'에서 해를 넘겨서 오래 묵었다는 뜻을 담아 가져온 것으로 보인다. 세 번째 풀이는 표준국어대사전에는 나오지만 고려대한국어대사전에는 나오지 않는다. 군이 중국술 이름을 끌어들일 필요는 없겠다고 판단한 모양이다. 누가 편찬하느냐에 따라 달라질 수 있는 일이므로 가부 간에 옳고 그름을 따질 수는 없는 일이다. 다만 표준국어대사전의 풀이는 미흡하면서 정확한 내용도 아니라는 생각이 든다. 표준국어대사전에 노주(老酒)를 따로 풀이한 표제어가 있다.

¶라오주(중국어, 老酒): 찹쌀이나 조, 수수, 옥수수 따위로 빚은 중국의 술을 통틀어 이르는 말. 오래된 것일수록 술맛이 좋다는 데서 붙은 이름으로, 중국 남부의 사오싱주(紹興酒)와 북부의 황주(黃酒)가 대표적이다.

원어로 된 낱말을 표제어로 올리면서 제법 자세한 풀이를 달았고, 이름에 노(老) 자를 쓴 이유도 밝혀주었다. 중국술 중에서는 비교적 도수가 낮으며, 풀이에 나온 사오싱주와 황주가 각각 표제어로 올라 있다.

¶사오싱주(중국어, 紹興酒): 중국 사오싱 지방에서 나는 양조주. 찐 찹쌀과 보리로 만든 누룩을 섞어서 발효시켜 여과하여 만드는데 신맛이 나며 황갈색을 띤다.
¶황주(黃酒): 중국술의 하나. 누룩과 차조 또는 찰수수 따위를 원료로 하여 만든 담갈색 또는 흑갈색의 술이다.

사오싱주에도 가반주(加飯酒), 원홍주(元紅酒), 향설주(香雪酒), 선양주(善釀酒) 등 여러 종류가 있는데, 그중에서 선양주(善釀酒) 하나만 표제어에 있어 소개한다. 국어사전 편찬자가 선별한 기준은 알 수 없다.

¶선양주(善釀酒): 중국의 대표적인 양조주인 사오싱주(紹興酒)의 하나. 저장 연수가 긴 것일수록 귀하게 여긴다.

노주(老酒)를 이야기하다 여기까지 왔는데, 우리나라 주조 회사에서 만들어 판매한 노주도 있었다. 이 노주는 1973년에 도라지양조에서 제조하여 시판하던 술로, 인기를 끌지 못한 탓인지 그런 술이 있었다는 사실을 아는 이들도 거의 없다. 당시 신문에 나온 기사와 광고를 보면 도수가 40%에 이른다고 했으니 중국의 노주(老酒)와는 아무런 관련이 없는 술이다. "老酒의 성질은 洋酒〈진〉에 가까우면서도 동양인의 기호에 알맞게 제조된 것인데 빨리 취하고 쉽게 깨는 것이 특징이다"라고 선전했으나 술꾼들의 입맛에는 맞지 않았던 모양이다.

도라지양조가 나온 김에 '도라지 위스키' 이야기마저 하는 게 도리일 듯하다. 노주(老酒)를 모르는 사람은 있어도 도라지 위스키에 얽힌 추억을 지닌 사람은 많을 것이다. 최백호의 히트곡 「낭만에 대하여」 가사에 "궂은 비 내리던 날 그야말로 옛날식 다방에 앉아 도라지 위스키 한 잔에다 짙은 색소폰 소리 들어보렴"이라는 구절이 있을 정도다. 위스키라는 이름이 붙긴 했으나 실제 위스키 원액은 단 한 방울도 들어있지 않은, 물과 주정에 일본에서 수입한 위스키 향과 식용 색소를 첨가해서 만든 술이다.

　도라지 위스키의 본래 이름은 '도리스'였다. 한국전쟁 이후 일본 산토리사의 제품인 '도리스 위스키(Torys Whisky)'가 주한미군 PX에서 팔리고 있었다. 그러자 부산에 있던 국제양조장이 일본에서 수입한 위스키 원액에 다른 재료를 섞어 '도리스'라는 상표를 붙여서 팔았다. 그 후 한일 국교정상화에 따라 상표권 문제가 불거지면서 제조사 사장이 구속까지 되었다. 그래서 할 수 없이 상표를 '도리스'와 비슷한 발음의 '도라지'로 바꾸고, 회사 이름도 도라지 양조주식회사로 바꾸었다. 그러니 도라지와는 애초에 아무런 상관이 없는 술이었다. '도라지 위스키'는 당연히 국어사전에 올라 있지 않다.

사람을 죽음에 이르게 한 자소주

술을 잘못 마시면 패가망신하거나 때로는 목숨을 잃기도 한다. 다음에 소개하는 술이 조선 시대의 신하 한 명을 죽음에 이르게 했다.

¶자소주(紫蘇酒): 차조기, 계피, 회향(茴香) 따위를 우린 액을 소주에 타 만든 술. 향기롭고 맛이 있다.

자소(紫蘇)는 꿀풀과에 속하는 차조기를 이르는 말이다. 풀이에 있는 회향(茴香)은 회향풀이라고도 하며 약재로 쓰는 풀이름이다. 그러므로 자소주는 약으로 쓰는 약용주의 하나였음을 알 수 있다.

조선왕조실록에 다음과 같은 기록이 나온다.

정원이 아뢰기를, "홍문관 부교리 김치운(金致雲)이 간밤에 숙직하다가 갑자기 병이 나서 기절하였으므로 업고 나가게 하였습니다" 하니, 전교하였다. "급히 내의원(內醫院)으로 하여금 치료하게 하라." (치운은 문밖에 나가기 전에 벌써 죽었다.)

— 『중종실록』 71권, 중종 26년 7월 9일.

실록에는 "숙직하다가 갑자기 병이 나서" 죽었다고 했지만, 이수광이 지은 『지봉유설(芝峯類說)』에는 김치운이 숙직을 하는 동안 임금이 내린 자소주를 지나치게 마시고 그 자리에서 죽었다면서 소주의 해독(害毒)을 경고하고 있다. 그러면서 궁 안에서 술을 빚는 집 지붕의 기와가 쉽게 낡아 몇 해에 한 번씩 바꿔야 했고, 그 지붕에는 까마귀나 참새 떼가 모여들지 않는다며 모든 게 술기운 때문이라고 했다.

김치운이 그날 밤 얼마나 많은 양의 자소주를 마셨는지는 모르겠으나 애초에 약으로 쓰라고 만든 술을 마시고 죽었으니, 약도 지나치게 많이 쓰면 독약이 된다는 사실을 증명한 셈이 된 건지도 모르겠다. 김치운의 평소 행실이 좋지 않았던지 실록을 기록하는 사관은 위 기록 끝에 다음과 같은 내용을 첨부해놓았다.

사신(史臣)은 말한다. 치운이 성질이 사납고 또 학식이 없으며 허항(許沆)·채무역(蔡無斁)·이임(李任)과 깊은 교우 관계를 맺어 사생(死生)을 함께 하자고 하며 왕래하면서 화기(禍機)를 선동하였으므로 사람들이 매우 두려워하였다.

웬만하면 망자(亡者)에게는 험담을 안 하는 게 상례겠으나 사관은 지나치다 싶을 만큼 야박한 평가를 내리고 있다. 그렇잖아도 마음에 안 들었는데, 궁 안에서 술을 마시다 죽는 바람에 더욱 밉상으로 보여서 그랬을까? 알 수 없는 일이긴 하나 술 때문에 불명예를 자초했으니 누굴 탓할 일도 아니겠다.

자소주와 비슷한 이름을 가진 술이 하나 더 있다.

¶소자주(蘇子酒): 볶은 차조기의 씨를 짓찧어 헝겊 주머니에 넣고 담근 술. 사흘쯤 지난 후에 마신다.

소자(蘇子)는 차조기의 씨를 이르는 말이다. 풀이에는 그냥 '담근 술'이라고만 했는데, 볶은 차조기 씨에 청주를 부어서 만드는 술이다. 자소주가 소주 계열에 속한다면 소자주는 청주 계열에 속한다. 소자는 주로 가래를 없애고 기침 따위의 호흡 기관 질환을 다스리는 데 쓴다. 소자주 역시 자소주와 마찬가지로 약용주에 속한다.

한편 일본에도 자소주(紫蘇酒)가 있다.

¶しそしゅ(紫蘇酒): 소주에 자소(紫蘇), 계피·회향(茴香) 등의 침출액을 섞은 향미 있는 혼성주(混成酒). 또는, 여러 번 반복하여 증류한 소주에 자소와 설탕을 넣고 담근 것.

우리나라에서 자소주는 민간에서 더러 담가 마시는 정도지만 일본에서는 상품으로 만들어 판매하고 있다. 맛이 부드러워서 여성들이 마시기에 좋다고 한다. 일본어사전 풀이에 재료로 계피와 회향이 들어가 있는데, 우리나라에서 전통적으로 자소주를 담그던 방법에는 차조기만 쓰는 걸로 나온다. 보통 차조기 잎과 씨앗을 깨끗이 씻어 소주를 붓고 밀봉한 다음 한달 정도 지난 다음에 술만 걸러서 쓴다고 한다. 우리나라 국어사전 풀이에도 계피와 회향이 나오는데, 아마도 일본어사전의 풀이에서 가져온 듯하다.

죽력고와 이강고

술 이름 끝에 특이하게 '고(膏)'가 붙은 게 있다. 고(膏)는 기름이나 지방질의 뜻을 지니고 있으며 흔히 연고(軟膏)나 고약(膏藥)이라고 할 때 많이 쓰는 한자다. 이와 함께 고(膏)는 식물이나 과실따위를 졸여 고아 엉기게 한 즙을 나타내는 글자로 쓰기도 한다.

¶죽력고(竹瀝膏): [한의] 죽력을 섞어서 만든 소주. 아이들이 중풍으로 갑자기 말을 못 할 때 구급약으로 쓴다.

표준국어대사전의 풀이는 대체로 무성의해서 풀이에 나온 낱말을 다시 찾아봐야 하는 수고를 해야 할 때가 많다. 죽력을 찾아가보자.

¶죽력(竹瀝): [한의] 솜대의 신선한 줄기를 불에 구워서 받은 액즙. 중풍, 열담(熱痰), 번갈(煩渴)과 같은 병을 치료하는 데 효과가 있다.

죽력고를 고려대한국어대사전은 이렇게 풀이하고 있다.

¶죽력고(竹瀝膏): [한의] 푸른 대의 줄기를 불에 쪼일 때 흘러나오는 기름을 섞어서 만든 소주. 생지황, 꿀, 계심, 석창포 따위와 함께 조제하여 아이들이 중풍으로 별안간 말을 못 할 때 구급약으로 쓴다.

이 정도 풀이는 해주어야 친절하다고 할 수 있지 않을까? 죽력을 추출하는 과정은 꽤 까다로운데, 약효가 좋아 죽력탕이나 죽력죽을 만들어 먹기도 한다. 아이들이 중풍으로 말을 못 할 때 쓰는 구급약으로 이용했다는 풀이와 함께 두 사전 모두 낱말 분류를 [한의]라고 하여 약재로 취급하고 있다. 하지만 술 좋아하는 어른들도 죽력고를 명주로 여기며 즐겨 마시곤 했다. 대나무가 많은 호남 지방에서 주로 빚어 마시던 술로, 현재 '송명섭 막걸리'로 유명한 송명섭 명인이 전북의 태인양조장에서 죽력고를 만들고 있다.

¶이강고(梨薑膏): 술의 하나. 소주에 배즙, 생강즙, 꿀 따위를 넣고 중탕하여 만든다. ≒이강주.

이강고는 이강주라는 말로 더 많이 알려져 있다. 한자에 있는 것처럼 배와 생강을 주원료로 삼아 빚는 술로, 전라북도 무형문화재 제6호로 지정되어 있다. 이강고는 예로부터 전라북도 전주와 황해도 봉산에서 빚은 것이 유명했다. 전주는 생강의 명산지이고, 봉산은 배의 명산지였기 때문이라고 한다.

이강주는 1882년 조선과 미국이 인천에서 조미수호통상조약을 체결할 때 만찬주로 사용하기도 했다. 육당 최남선은 『조선상식문답(朝鮮常識問答)』에서 평양의 감홍로와 함께 전주의 이강고와 전라도의 죽력고를 3대 명주로 꼽았다. 이강주는 현재 조정형 명인이 '전주 이강주'를 빚으며 맥을 이어가고 있다.

3부
옛술의 세계

이름이 아름다운 술

옛사람들은 특정한 사물에 그럴듯한 이름을 붙여주는 능력이 있었다. 술 이름 중에 내가 가장 멋지다고 느낀 건 '석탄향'이라는 술이다.

¶석탄향(惜呑香): 흰죽에 누룩가루를 섞어 빚은 뒤, 닷새 후에 찐 찹쌀을 넣고 다시 담근 술. 맛이 쓰면서도 달다.

고려대한국어대사전에는 석탄향 대신 아래 낱말이 실려 있다.

¶석탄주(惜呑酒): 멥쌀로 술밑을 만든 것에 찹쌀로 다시 덧술하여 만든 술. 그 맛이 달아 입에 머금고 차마 삼키기가 아깝다고 하

여 붙은 이름이다. 유의어: 녹파주.

두 술은 같은 술일까 다른 술일까? 풀이에 조금 차이는 있지만 둘은 같은 술이다. 석탄향은 『임원경제지』, 『양주방』, 『음식방문』, 『조선무쌍신식요리제법』 등 여러 문헌에 기록되어 있는데, 문헌에 따라 석탄향 혹은 석탄주라고 했다. 두 이름 중 어떤 것을 취할 것인가 하는 점은 사전 편찬자의 재량일 수도 있겠으나 두 이름을 함께 실으면서 동의어로 처리하는 게 좋았겠다는 생각을 한다. 참고로 『시의전서』는 성탄향(聖呑香)이라는 이름으로 기록해놓았다.

'석탄(惜呑)'이라는 말은 고려대한국어대사전 풀이에 나와 있는 것처럼 입에 머금은 채 차마 삼키고 싶지 않다는 뜻이다. 얼마나 술맛이 향기로우면 그런 이름을 붙여주었을까 싶다. 표준국어대사전에서는 쓰면서도 단 맛이 난다고 했지만, 석탄향을 재현해서 맛을 본 사람들에 따르면 은은한 과일향이 난다고 한다. 그래서 나는 석탄주라는 이름보다 향기를 강조한 석탄향이라는 이름에 마음이 더 끌린다.

두 사전의 풀이 모두 석탄향을 제대로 설명하지 못하고 있다. 석탄향 주조법을 설명한 문헌들의 내용은 거의 비슷하다. 그런 기록들에 따르면 흰죽을 사용한다는 표준국어대사전의 설명이 맞으며, 고려대한국어대사전에도 그런 내용이 들어갔어야 한다. 『임원경제지』에서 설명한 주조법은 다음과 같다.

백미 두 되 곱게 빻아 물 한 말에 죽 쑤어 누룩가루 한 되와 함께 빚어 넣고 겨울은 7일, 봄가을은 5일, 여름엔 3일 만에 덧술한다. 찹쌀 한 말 무르게 쪄서 고루 빚어두면 7일이면 술이 익는데, 달고 입에 머금은 채 있고 싶을 뿐 삼키기에 아깝다.

표준국어대사전에서 '닷새 후'라고 한 건 위 제조법에 따르면 봄가을에 빚을 때만 해당하는 날짜다. 계절에 따라 덧술하는 기간이 다르다고 했어야 한다.

이번에는 고려대한국어대사전에서 석탄주의 유의어로 제시한 녹파주에 대해 알아보자. 둘은 다른 술이지만 동의어가 아닌 유의어라 했으므로 그 정도는 눈감아줄 수 있겠다.

¶녹파주(綠波酒): 술의 하나. 멥쌀가루로 술밑을 만든 것에 찹쌀가루로 죽을 쑨 것을 섞어서 만든 약주로, 매우 맑은 빛깔을 띤다.

¶녹파주(綠波酒): 멥쌀을 넣은 술밑으로 만든 밑술에 찹쌀 따위의 덧술 재료를 넣어 빚은 약술. 술의 빛이 푸른 파도와 같다는 데서 이름이 유래했다.

앞엣것이 표준국어대사전, 뒤엣것이 고려대한국어대사전의 풀이다. 고려대한국어대사전에서는 석탄주 풀이와 마찬가지로 이름에 담긴 의미를 풀어주는 친절함을 베풀고 있다. 녹파주라는 이름 역시 멋진데, 푸른 파도의 빛깔이 거울에 비추는 것 같다고 해서 경면녹파주(鏡面綠波酒)라는 말로 부르기도 한다. 하지만 이 말은 국어사전에 없다.

석탄향과 녹파주는 이양주(二釀酒)에 해당한다. 술을 빚는 방법에 따라 단양주, 이양주, 삼양주로 나누기도 하는데, 이 말들은 국어사전에서 찾아보기 힘들고 〈우리말샘〉에만 다음과 같이 올라 있다.

¶단양주(單釀酒): 한 번 빚은 전통술.
¶이양주(二釀酒): 두 번 빚은 전통술. 밑술에 덧술을 더하여 만든다.
¶삼양주(三釀酒): 세 번 빚은 전통술. 밑술에 덧술을 두 번 더하여 만든다.

녹파주는 『산가요록』 등에 실려 있으며 고려 시대를 대표하던 술이라고 한다. 현재 대한민국 식품 명인 제27호로 지정된 박흥선 명인이 전통 녹파주를 빚고 있다.

마지막으로 석탄향과 같은 의미를 담은 떡 이름이 있어 소개한다.

¶석탄병(惜呑餅): 단단한 감을 저며 말려서 쌀가루, 잣가루, 계핏가루, 대추, 황률 따위를 넣고 버무려 켜마다 팥을 뿌려 찐 떡.

여름에 마시는 술

술꾼이 술 마시는 때를 가리겠는가. 사시사철 마시고 싶으면 아무 때고 술잔을 잡기 마련이다. 그럼에도 술마다 고유한 맛과 향, 주조하는 시기 등 다양한 특성이 있으니 계절에 맞는 술이 따로 있을 수 있겠다. 국어사전에 여름에 마시는 술이라고 되어 있는 것들을 소개한다.

¶합주(合酒): 찹쌀로 빚어서 여름에 마시는 막걸리. 꿀이나 설탕을 타서 먹는다.

합주를 소개한 책으로 『주방문』과 『조선무쌍신식요리제법』이 있다. 『주방문』에서는 백미, 즉 멥쌀을 쓴다고 되어 있고, 『조선무쌍신식요리제법』에서는 찹쌀을 사용한다고 했다. 국어사전은 찹쌀이라고 했는데,『조선무쌍신식요리제법』이『주방문』보다 200년 이상 지나서 나온 책이니 처음에는 멥쌀로 빚다가 시간이 지나면서 찹쌀을 사용한 것으로 보인다.

합주(合酒)는 풀이에 있는 것처럼 탁주에 속하지만,『주방문』에 따르면 맛이 진하고 냄새가 좋아서 보통 술과는 다르다고 했다. 청주는 발효시킨 후 술독 윗부분에 용수를 박아 그 안에 고이는 맑은 술을 떠낸 걸 말하고, 탁주는 본래 그대로 두거나 체로 걸러서 탁한 상태의 술을 말한다. 합주는 발효 후 베에 받쳐서 걸러낸다고 했다. 체가 아닌 베로 거른 만큼 일반 탁주보다는 맑았을 것으로 보이고, 그래서 탁주와 청주의 맛을 함께 지니고 있다 하여 합주(合酒)라는 이름을 얻었을 것으로 보인다.

『조선무쌍신식요리제법』에서는 합주에 얼음 한 덩이를 띄워 먹으면 시원하다고 했다. 그런데 국어사전 풀이에 "꿀이나 설탕을 타서 먹는다"는 말은 어디서 왔는지 모르겠다. 그런 방식으로 마시는 이들도 없지는 않겠으나 술꾼들은 대부분 술에 꿀이나 설탕처럼 단맛을 내는 첨가물을 타서 마시는 걸 좋아하지 않는다. 같은 책에서 "삼복더위에 네댓 사발을 크게 마시면 이만큼 상쾌한 것은 천하에 없으나, 많이 마시면 나중에 배 아픈 것은 할 수 없다"고 하였으니 무릇 과음은 이로울 것이 없다.

¶과하주(過夏酒): 1. 소주와 약주를 섞어서 빚은 술. 여름에 많이 마신다. 2. 찹쌀떡을 삭혀서 만든 술의 하나. 경상북도 김천 지방의 특산주(特産酒)이다.

한자의 뜻 그대로 여름을 지내면서 마시는 술이다. 소주는 독하고 약주는 도수가 낮아서 둘을 섞어 빚은 것인데, 이런 식으로 두 가지 이상의 술을 섞어 빚은 걸 혼양주(混釀酒)라고 한다. 과하주는 상당히 많은 책에 기록이 남아 있으며, 책마다 주조법이 조금씩 다르다.

두 번째 풀이에 나오는 과하주는 보통 '김천 과하주'라는 말로 부른다. 경상북도 김천시 남산동에 과하천(過夏泉)이라는 샘이 있고, 과하주는 이 과하천 샘물로 빚은 술이라고 해서 붙인 이름이다. 1718년에 간행된 『금릉지(金陵誌)』에는 옛날부터 금이 나는 샘이 있어 금지천(金之泉) 즉 김천(金泉)이라 했는데, 이 샘물로 술을 빚으면 맛과 향기가 좋아 주천(酒泉)이라 불렀다는 기록이 있다. 한편 임진왜란 때 명나라 장군 이여송(李如松)이 이곳을 지나다 샘물 맛을 보고는 중국 금릉(金陵)에 있는 과하천(過夏泉)의 물맛처럼 좋다고 한 뒤로 과하천이라 부르게 되었다는 이야기도 전한다.

과하주는 정월 대보름날 새벽에 과하천 샘물을 길어다 술을 빚었으며, 임금에게 올리는 진상품에 들어갈 정도로 유명했다. 한때는 큰 도가에서 과하주 샘물을 긷느라 길게 뻗은 물지게꾼의 행렬

이 대단했다고 한다. 1718년에 간행된 『금릉승람(金陵勝覽)』에 따르면 김천 과하주는 익산의 여산주(礪山酒), 문경의 호산춘(湖山春)과 더불어 전국에서 이름난 술이라고 했다. 다른 지방 사람이 과하주 빚는 법을 배워가서 똑같은 방법으로 빚어도 김천 과하주의 술맛과 향기가 나지 않는데, 물맛이 달라서 그랬다고 한다.

　김천의 민속주로 계승되어 오던 과하주를 상업용 술로 본격 생산하기 시작한 건 1930년에 한국인과 일본인이 합작해서 김천주조주식회사를 세운 뒤부터이다. 그러다 김천주조는 태평양전쟁 말기에 문을 닫았고, 해방 후에 다시 열었다가 한국전쟁으로 또 문을 닫았다. 이후 1980년대에 김천 과하주를 옛 방법 그대로 재현하여 오늘에 이르고 있다. 현재 경상북도 무형문화재(기능보유자 송재성)로 지정되어 있으며, 예전의 과하천 샘물은 오염되어 더 이상 쓰지 않는다.

평양의 명주

지방마다 고유의 특산품이 있듯 술 역시 그 지방을 대표하는 술이 있기 마련이다. 지금은 가볼 수 없는 평양의 명주 몇 개를 국어사전에서 찾아볼 수 있다. 북한 술이라고 하면 들쭉술부터 떠올리는 사람들이 많을 텐데, 들쭉술이 국어사전 표제어에 있다.

¶들쭉술: 들쭉으로 담근 술.

들쭉술은 보통 '백두산 들쭉술'이라는 상표를 달아 판매하고 있으며, 남북정상회담의 만찬주로 내세울 만큼 북한이 자랑하는 유명한 술이다. 하지만 국어사전에서는 지나치게 성의 없이 풀이해 놓았다. 북한 술이라는 걸 밝혀주었어야 하며, 들쭉으로 담갔다고 하기보다 백두산에서 자생하는 들쭉나무 열매를 재료로 삼아 빚은 술이라고 자세히 풀이해주면 좋았겠다는 생각을 한다.

들쭉술은 알아도 예전에 평양의 명주로 이름 높았던 술 이름을 아는 사람은 거의 없다. 가령 아래 소개하는 술 이름을 들어본 사람이 얼마나 될까?

¶감홍로(甘紅露): 1. 지치 뿌리를 꽂고 꿀을 넣어서 받은 평양 특산의 소주. 맛이 달고 독하며 붉은빛이 난다. 2. 소주에 홍국, 계피, 진피, 방풍, 정향 따위를 넣어 우린 술.

지치는 지초(芝草)라고도 하며, 뿌리가 붉은색이어서 진도 홍주의 빛깔을 내는 재료로도 사용한다. 최남선이 조선 3대 명주로 꼽았을 만큼 유명하며, 『임원경제지』에는 '관서감홍로'라는 이름으로 소개되어 있다. 관서는 평안도와 황해도 북부 지역을 가리키는 말이다. 풀이에 있는 것처럼 다양한 약재가 들어가서 한방 향이 난다. 소주를 세 번쯤 고아서 만드는데, 항아리 밑바닥에 꿀을 바르고 다시 여기에 지치를 넣어 만든다고 한다. 그래서 맛이 매우 달고 강렬하며 빛깔이 연지처럼 붉은빛이 감돈다고 했다. 평양 감홍로와 감홍주로 불리기도 한다.

평양의 명주로 이름을 떨쳤던 감홍로를 지금 파주에서 생산하고 있는 사람이 있다. 이경찬이라는 분이 평양에서 감홍로를 생산하다 한국전쟁 때 파주로 내려와서 감홍로의 맥을 이어갔으며, 둘째 아들 이기양 명인을 거쳐 지금은 막내딸인 이기숙 명인(전통식품 명인 제43호)이 감홍로를 생산 중이다.

감홍로가 얼마나 애주가의 입맛을 사로잡았는지에 대한 일화가 전한다. 평안감사는 사대부 관료라면 누구나 한 번쯤 맡고 싶어 하는 직책 중의 하나였다. 하지만 아무리 평안감사가 좋아도 평생 머물 수는 없는 일이어서 임기를 마치면 돌아가야 했다. 그런데 어느 평안감사가 임기를 마칠 무렵이 되자 평안감사를 더하게 해달라는 상소를 올렸다. 이유 중의 하나가 감홍로 맛을 잊지 못해서였다고 하니, 얼마나 맛있는 술인지 짐작할 수 있는 일화다.

감홍로와 함께 평양에서 유명했던 술이 벽향주다.

¶벽향주(碧香酒): 맑고 향기로운 술.

이 낱말 역시 풀이가 너무 빈약하다. 단순히 한자를 우리말로 풀어낸 것에 그치고 있기 때문이다. 벽(碧)은 푸르다는 뜻이지만, 그만큼 맑다는 뜻으로 이해하면 된다. 아름답고 멋진 이름을 가진 술 이름이 많은데 벽향주 역시 그런 이름들 곁에 끼일 만하다.

벽향주는 조선 초기부터 말기까지 여러 지역에서 빚었을 것으로 보이는데, 그중 평양에서 빚은 벽향주가 가장 유명했다. 그래서 평양의 벽향주는 서울의 고관대작들에게 선물용으로 많이 바쳐졌다.

여러 고문헌에 벽향주 제조법이 나오며 책마다 재료와 담는 기간이 조금씩 다르다. 멥쌀을 사용한다는 기록도 있지만 찹쌀을 사용해서 빚은 벽향주의 향이 더욱 좋다고 한다. 감홍로가 소주 계열이라면 벽향주는 청주 계열에 속하는 술이다.

1500년대에 작성된 책 『수운잡방(需雲雜方)』에는 우벽향주(又碧香酒)라는 술 이름이 나온다. '또 다른 벽향주'라는 뜻일 텐데, 벽향주의 맛을 더 깊이 있게 살려내려는 의도로 빚은 술로 짐작된다.

최근에 벽향주를 재연했다는 내용의 신문 기사 한 토막을 소개한다.

충북 청주의 유기농 쌀과 초정리 광천수를 활용해 세종대왕 어의가 기록한 벽향주를 재연한 술이 올해 최고의 우리 술에 선정돼 대통령상을 수상했다.
—『중도일보』, 2019. 11. 17.

다른 술 이름 하나를 더 보자.

¶문배주(--酒): 좁쌀 누룩을 수수밥과 섞어 빚은 뒤 발효시켜 증류한 소주. 알코올 농도는 40% 정도이며 술의 빛깔은 누런 갈색을 띠는데 문배나무와 비슷한 향기가 난다.

풀이를 상당히 잘한 편이다. 문제는 문배주가 본래 평양의 명주였다는 사실이 빠져 있다는 점이다. 문배주는 고려 초기부터 왕실에 진상하던 술이라고 하니, 역사가 천 년을 넘겼다. 우리 전통주로는 특이하게 쌀을 전혀 쓰지 않고 좁쌀과 수수를 이용했는데, 그건 옛날 평안도 지역에 쌀 생산이 그리 많지 않았기 때문이다.

2000년 김대중 대통령이 평양을 방문할 때 선물로 문배주를 가져갔다.

"문배주는 주암산 물로 만들어야 제맛이지요."

만찬장에서 문배주를 본 김정일 국방위원장이 이희호 여사에게 했던 말이다. 문배주는 예전에 평양 주암산(酒巖山) 밑의 평천 양조장에서 빚었다고 한다. 대동강변에 있는 주암산은 이름 자체에 술 주(酒)가 들어가 있을 만큼 술과 떼려야 뗄 수 없는 산이다. 옛날에 유명한 효자가 주암산 바위틈에서 나오는 술을 병든 아버지에게 갖다 드려 병을 낫게 했다는 전설이 있다. 한때는 양조장 규모가 대단해서 러시아와 중국으로 수출까지 했다고 하는데, 아쉽게도 지금은 평양에서 문배주를 빚지 않는다. 그뿐 아니라 북한에서 펴낸 조선말대사전에서도 문배주나 문배술이라는 말을 찾을 수 없다. 문배주는 김대중 대통령 방북 때만 아니라 2018년 남북정상회담 만찬장에서도 공식 만찬주로 사용됐다.

지금 문배주는 무형문화재로 지정되어 있으며, 이기춘 명인이 김포 통진에 주조 공장을 세워 생산하고 있다. 문배주를 남한에서 생산하게 된 건 한국전쟁으로 평천 양조장이 문을 닫고 양조장을 운영하던 이경춘 옹(1993년 작고)이 식솔들을 이끌고 남쪽으로 피난을 왔기 때문이다. 평양의 명주가 남쪽의 김포로 이사를 온 셈인데, 이기춘 명인은 언젠가는 평양 주암산 샘물로 문배주를 빚고 싶다는 소망을 지니고 있단다.

평양에서 빚은 건 아니지만 북한 지역에서 유명했던 술 하나를 더 소개한다. 이지상의 『여행자를 위한 에세이北』(2019, 삼인)이라는 책을 보다가 오발주라는 술 이름을 만났다. 처음 들어보는 술 이름인지라 혹시 국어사전에도 올라 있나 찾아보니 〈우리말샘〉에만 소개되어 있다.

¶오발주(烏髮酒): [식품] 쌀에 하수오, 인삼, 우슬, 구기자, 당귀, 지황, 천문동, 맥문동 가루와 누룩을 넣어 빚은 술. 흰 머리칼을 검게 하며 허리와 무릎이 시리고 머리가 어지러우며 귀에서 소리가 나는 것을 치료하는 약술로 알려져 있다.

오발주는 『동의보감』에 약술로 소개되어 있다. 오발주는 마시면 까마귀처럼 머리가 검어진다고 해서 붙인 이름이다. 정말로 흰 머리칼이 검어지지는 않겠지만 약효가 있는 술은 분명한 모양이다. 이 오발주가 남한에서는 맥이 끊겼지만 북한 지역에서는 계속 제조를 해왔다고 한다. 그리고 지금은 남한에서도 오발주를 만들어 파는 주조 회사가 생겼다.

오발주를 생산, 판매하는 사람은 북한이탈주민인 안정남 씨다. 안정남 씨의 증언에 따르면 북한에서 오발주는 상시적으로 생산하지는 않고 김일성과 김정일의 생일, 설날과 추석 같은 명절에 생산해서 세대별로 1병씩 공급했다고 한다. 안정남 씨가 오발주의 효능을 알게 된 건 그가 몸이 안 좋아 백두산 밑에 있는 삼지연군의 동의병원(한의원)에 치료를 받으러 갔을 때라고 한다. 그곳 원장에게 오발주 얘기와 함께 제조법까지 배운 안정남 씨는 남한으로 온 뒤에 직접 오발주를 생산하는 주조 회사를 차렸다.

북한 지역에서 오랫동안 빚어와서 그런지 오발주를 북한 전통주 혹은 고구려 민속주라고 부르기도 한다. 안정남 씨가 제조해서 파는 오발주 병에는 "북한 백두산 지역에서 선인들로부터 이어받은 비법으로 지은 술"이라는 문구가 적혀 있다. 통일전망대나 땅굴 견학장 같은 곳에 가면 북한 관련 상품을 판매하는 상점들이 있는데, 그곳에서 오발주를 만날 수 있다.

소곡주인가 소국주인가

앉은뱅이술이라는 말이 있다. 맛이 좋아 그 자리에서 한 잔 두 잔 계속 마시다 보면 취해서 일어나지 못하게 된다는 뜻으로 만든 말이다. 보통 한산소곡주의 별칭으로 많이 쓰이는데, 국어사전에는 올라 있지 않은 말이다. 전해지기로는 과거시험을 보러 가던 선비가 한산소곡주에 취해 며칠 동안 줄곧 마시며 일어나지 못해 생긴 말이라고 한다.

이 소곡주라는 말이 표준국어대사전에는 없다. 대신 다른 말이 실려 있다.

¶소국주(小麴酒/少麴酒/素麴酒): 막걸리의 하나. 누룩을 적게 하여 찹쌀로 담근 술로서 맑은 수정 빛깔이 난다. 충청남도 서천군

한산(韓山)에서 나는 것이 유명하다.

소국주의 한자 표기가 셋이나 되는 건 문헌에 따라 다르기 때문일 것이다. 그중 소(小)와 소(少)를 쓴 건 위 풀이에서 보듯 누룩을 적게 쓴다고 해서 가져온 표기이다. 그렇다면 소(素)는 왜 붙었을까? 일설에는 소국주가 옛날 백제 시대부터 빚어 마시던 술이고, 백제가 패망한 뒤에 나라 잃은 걸 한탄하며 여인들이 소복을 입고 빚어서 그랬다고 하지만 신빙성이 있는 말은 아니다. 소(素)가 붙게 된 이유에 대해 전통술 연구가 박록담 씨는 다른 견해를 내놓기도 했다. 한산소곡주 명인이던 고 김영신 씨의 술 빚는 과정을 여러 차례 취재하는 동안 누룩을 잘게 쪼개서 햇볕에 말리는 모습을 보았는데, 그때 본 누룩이 햇볕에 바래서 일반 누룩보다 곱고 뽀얬다고 한다. 그런 누룩의 색깔에서 '흴 소(素)'자를 가져온 게 아닐까 하는 게 박록담 씨의 견해. 확실하다고 할 수는 없어도 참조할 만한 견해라는 생각이 든다.

고려대한국어대사전에는 두 개의 낱말이 실려 있다.

¶소국주(小麴酒): 누룩을 적게 하고 찹쌀로 밑을 하여 잘 담근 막걸리. 맑은 수정 빛깔이 난다.

¶소곡주(素麴酒): 누룩을 조금만 써서 맛이 좋게 빚은 곡주.

둘 다 풀이에는 충남 한산에서 생산한다는 말이 없다. 대신 예문에 "충남 한산은 소국주가 유명하다"가 실려 있다. 소국주나 소곡주가 한산에서 생산하는 술을 가리키는 이름인 건 분명하다. 표준국어대사전에 소곡주가 없는 건 옛 문헌에 대부분 소국주로 되어 있고, 소곡주는 뒤늦게 사용하기 시작했기 때문으로 보인다. 하지만 아무리 그렇다 해도 한산소곡주가 이미 1979년에 충청남도 무형문화재 제3호로 지정되었다는 걸 생각하면 소곡주를 표제어로 다루지 않은 건 이해하기 힘들다.

소국주를 풀이하면서 두 사전 모두 막걸리라고 했다. 그런가 하면 고려대한국어대사전은 소곡주 항목에서는 막걸리 대신 곡주라는 표현을 썼다. 소곡주를 마셔본 사람이라면 대뜸 막걸리가 아니라 청주라며 고개를 저을 것이다. 국어사전 편찬자들이 소곡주를 마셔보지 않은 게 분명하다. 두 사전의 풀이에 있는 '맑은 수정 빛깔'과 막걸리는 어울리기 어려운 짝이 분명하지 않은가.

국(麴)과 곡(麯)은 둘 다 누룩을 뜻하는 한자다. 그러므로 소국주나 소곡주나 같은 이름인 셈이다. 다만 옛 문헌의 소국주와 현재의 한산소곡주가 같은 술이냐고 할 때는 그렇다고 말하기 어렵다. 같은 소국주라도 전하는 문헌에 따라 주조 방법에 조금씩 차이가 있다. 그래도 누룩을 적게 쓴다는 점은 일치하므로 같은 계통의 술이라고 볼 수 있다. 그에 반해 현재의 한산소곡주는 옛날 소국주에 비해 사용하는 누룩의 양이 많다. 소(小)나 소(少) 대신 소(素)를 쓰는 이유가 거기에 있을지도 모를 일이다. 거기다 쌀과 누룩 외에 국화 등 다른 부재료도 사용하므로 한산소곡주는 전통 소국주와 비슷하긴 하지만 엄밀하게 따지면 다른 술이라고 보아야 한다. 소곡주는 80~100일 정도 숙성시키는 장기 발효주이다.

소곡주는 보통 겨울에 담그며, 더운 여름철에는 쉬어버리기 쉽다. 그럴 때는 소곡주를 증류해서 소주를 만들기도 하는데, 이렇게 만든 소주를 불소주라고 부른다. 소주처럼 독한 술을 흔히 화주(火酒)라고 하는데, 불소주는 화주의 우리말식 표현인 셈이다. 불소주라는 말은 아직 국어사전에 오르지 못했다.

소국주와 소곡주 모두 풀이에 문제가 있다. 표준국어대사전은 소국주와 분리해서 소곡주도 표제어로 올려야 하며, 두 사전 모두 풀이를 술의 특성에 맞게 제대로 다시 해야 한다.

한산소곡주는 현재 고 김영신 씨의 며느리인 우희열 씨가 명인의 자리를 이어받았으며, 그의 아들 나장연 씨가 전수자로 함께 술을 빚고 있다.

연엽주의 추억

십여 년 전의 일이다. 교육문예창작회 소속 문우들과 부안 일대를 돌며 여행하다 내소사 요사채에서 하룻밤 묵은 적이 있었다. 절아래 식당에서 저녁 겸 술 한잔 거나하게 걸친 문우들이 그냥 잘수 없다며 막걸리 몇 병을 옆구리에 차고 지장암 아래쪽에 마련된 요사채로 올라갔다. 요사채 안에 짐을 부려놓자마자 일행은 앞마당에 모였다. 답답하게 방안에서 마실 게 아니라 달빛 아래서 마시자는 거였다. 막걸리를 따라 마실 사발을 찾고 있는데 누군가 커다란 연잎을 내밀었다. 어디서 구해 왔는지 모르겠으나 그때부터 돌아가며 연잎에 따른 막걸리를 마시기 시작했다. "캬~ 이게 바로 연엽주로구나" 하며 다들 흥에 겨워 가운데가 우묵한 연잎 안에서 찰랑거리는 막걸리 맛에 취하기 시작했다. 조용한 산속 그것도 절집마당에 달빛까지 더해졌으니 그보다 더한 낭만이 어디 있으랴! 그날 밤의 연잎 막걸리 맛을 잊지 못해 여행에서 돌아온 뒤 시 한 편을 썼다.

연잎 막걸리 보살

내소사 지장암

요사채 앞마당에서

푸른 연잎 위에 막걸리 한 모금 부어

벗들끼리 돌려 마시는 사이

늦은 밤 산사는

고요와 더불어 처마를 낮추고

연잎이 받어들 모신

막걸리

보얗게 홍취 오른 보살님 아니신가

이튿날

지장암 일지스님이 내 주신

아침 공양도

손수 달여 주신 한 모금 차도

연잎 위로 궁글어지던

막걸리 보살님 계셨기에

연꽃 피워 올리듯

달뜬 마음으로

받아 모셨던 게 아닌가

내 마음 속 부처님도

빙그레 웃으셨던 게 아닌가

연잎 모양이 술을 따라 마시기에 맞춤하다는 걸 옛사람들이 몰랐을 리 없다. 연잎 모양으로 만든 술잔을 하엽배(荷葉杯)라고 하는데, 국어사전에는 오르지 못했지만 조선왕조실록에 이 말이 등장한다. 하엽(荷葉)은 연엽(蓮葉)과 같은 말이다.

강이 끝나고 좌우(左右)가 인사하고 물러가려 하자 상이 소환(小宦)에게 명하여 배반(杯盤)을 내어오게 한 다음 먼저 큰 술잔으로 한 잔 마셨다. 소환이 또 하엽배(荷葉杯)로 행주(行酒)하니 윤황이 마실 수 없다고 사양하자, 상이 이르기를, "술잔 잡은 모습을 보니 마실 수 있다는 것을 알 수 있다. 사양하지 말라" 하였다.
—『인조실록』 23권, 인조 8년 9월 19일.

내용에 나오는 '행주(行酒)'는 술을 따라서 돌리는 걸 말한다. 우리 일행이 연잎에 막걸리를 따라 돌려 마신 게 바로 행주(行酒)에 해당하는 행위였다. 인조는 술을 꽤 좋아했던 모양이다. 위 실록 내용은 어떻게 이어질까? 윤황은 끝까지 임금이 내미는 술잔을 거절할 수 있었을까? 우리 일행이 그날 밤 준비한 막걸리가 모두 떨어질 때까지 연잎 잔을 돌렸던 것처럼 인조도 사양하는 신하들에게 계속 하엽배(荷葉杯)를 돌렸다. 술이 일곱 순배를 돈 다음 윤황이 다시 너무 심하게 취했으니 물러가게 해달라고 간청해도 "이번 순배만은 다 마시도록 하라"며 끝까지 마실 것을 강권했다. 결국 신하들이 모두 취해 부축을 받으며 술자리에서 물러난 시간이 삼고 (三鼓, 밤 11시에서 새벽 1시 사이)였다고 실록은 전한다.

그날 밤 우리가 마신 막걸리가 진짜 연엽주가 아님은 당연한 일이고, 국어사전에서는 연엽주를 이렇게 풀이하고 있다.

¶연엽주(蓮葉酒): 술밑으로 쓰려고 시루에 찐 찹쌀밥에 누룩을 버무려 연잎에 싸서 담근 술. =연잎술.

연엽주는 집에서 빚어 마시는 가양주(家釀酒)이자 특별한 향을 내게 하는 가향주(加香酒)에 해당한다. 가향주라는 말은 표준국어 대사전에는 없고 고려대한국어대사전에 나온다.

¶가향주(加香酒): 술에 독특한 향을 주기 위해 꽃이나 식물의 잎 등을 넣어 빚은 약주류(藥酒類). 술을 빚을 때 향을 더하는 재료를 함께 넣거나 이미 만들어진 곡주에 향을 더하는 재료를 넣어 향이 우러나게 하는 방법이 있다. 도화주(桃花酒), 송화주(松花酒), 연엽주(蓮葉酒), 죽엽주(竹葉酒), 국화주(菊花酒), 유자피주(柚子皮酒), 백화주(百花酒), 하엽주(荷葉酒), 두견주(杜鵑酒) 따위가 있다.

풀이에 연엽주와 하엽주가 동시에 나온다. 두 술은 같은 술일까 다른 술일까? 하엽주 역시 표준국어대사전에는 없고 고려대한국어대사전에만 나온다.

¶하엽주(荷葉酒): 연잎을 띄워 담은 전통술.

풀이가 너무 간단하고 내용도 모호하다.

일본에 가면 하엽주(荷葉酒) 마시는 풍경을 만날 수 있다. 연꽃이 한창일 때 일본 여러 지역에서는 연꽃을 감상하는 행사인 관연회(觀蓮会)를 여는데, 행사 중에 하엽주(荷葉酒)나 하엽차(荷葉茶)를 마시는 프로그램이 있다. 연꽃 아래 달린 기다란 줄기에 구멍을 낸 다음 연잎 위에 술이나 차를 부으면 줄기 속 구멍을 따라 술이나 차가 흘러내린다. 이런 연잎 잔을 하엽배(荷葉杯)라고 부른다. 이 하엽배는 일찍이 중국 사람들의 풍습에서 비롯했다. 중국 당나라 말기의 시인 위장(韋莊, 836~910)과 온정균(溫庭筠, 812?~870?)의 시에 '하엽배(荷葉杯)'라는 제목의 작품이 있다. 그 옛날 중국에서 연잎 줄기에 구멍을 내어 연잎 위에 부은 술을 빨아 마시는 풍습이 있었음을 알 수 있다. 일본의 풍습은 필시 그런 모습을 본떠서 시작했을 것이다.

인조 임금의 하엽배가 연꽃 모양으로 만든 인공 술잔이라면 당나라 때 중국 사람들이나 지금 일본 사람들이 즐기는 하엽배는 자연 그대로의 술잔이라고 하겠다. 이런 사실을 진작 알았다면 그날 밤 내소사 지장암 아래서 막걸리를 마실 때 줄기 달린 연잎을 구해 제대로 된 하엽배로 흥취를 살렸을 텐데 싶다.

연엽주는 충남 아산 외암 민속마을의 이참판댁에서 빚는 아산 연엽주가 유명하며, 충남 무형문화재 제11호로 지정되어 있다. 다소 신맛이 나는 게 특징이다.

연꽃과 직접 관련은 없지만 연꽃 향이 나는 술 이름이 있다.

¶하향주(荷香酒): 조선 초기에 유행하던 술. 연꽃 향기의 술이란 뜻으로, 물송편을 만들어 담그는 것이 특징인 술이다.

하향주는 현재 대구시 무형문화재 제11호로 지정되어 있으며, 청주에 속한다.

무회주(無灰酒)와 전내기

다른 종류의 술을 섞어 마시지 말라는 얘기가 있다. 그리고 가능하면 술에 다른 것을 타거나 첨가해서 마시는 걸 삼가라는 얘기도 있다. 그래야 뒤끝도 좋고 순수한 술맛을 지킬 수 있다는 얘기일게다. 그렇다면 아래 낱말은 어떻게 해석해야 하는 걸까?

¶무회주(無灰酒): 다른 것이 조금도 섞이지 아니한 술. ≒순료(醇醪)·순주(醇酒).

풀이에 나오는 '다른 것'이 무얼까 궁금했다. 술을 빚을 때 각종 약재를 넣은 약용주가 아니라는 건지, 향을 좋게 하기 위해 꽃잎 같은 걸 넣지 않은 건지, 그도 아니면 도수를 낮추기 위해 물을 타지 않은 건지 가늠하기 어려웠다. 방금 말한 세 가지 모두를 배제한 술일지도 모르겠지만, 회(灰)라는 한자가 걸렸다. 한자의 뜻대로만 해석하면 회(灰), 즉 재가 섞이지 않은 술을 뜻하는 것으로 보아야 하기 때문이다.

궁금증을 풀기 위해 이리저리 알아보던 중 『한의학대사전』(한의학대사전 편찬위원회, 도서출판 정담, 2001)에 '무회주(無灰酒)' 항목이 있는 걸 발견했다.

¶무회주(無灰酒): 석회(石灰)를 조금도 넣지 않은 술. 옛날에는 술이 시지 않게 하기 위해서 술에 석회를 조금 넣었는데 이런 술을 마시면 담(痰)이 몰린다고 하여 병 치료에 쓰는 술은 반드시 무회주를 썼다고 한다.

석회라니? 다시 난감한 마음이 들었다. 아무리 옛날이라고는 하지만 술에 석회를 섞기도 했단 말인가 싶어 고개가 갸웃거려졌다. 다른 이가 풀이한 자료에는 한자의 뜻 그대로 재를 말한다고 나오기도 한다. 양조 기술이 발달하지 않았던 오랜 옛날에는 술을 담글 때 신맛을 없애기 위해 풀을 태운 재를 넣었다는 것이다. 하지만 이 주장은 확실한 문헌 근거를 밝히지 않아 어느 정도 신뢰성이 있는지 판단하기 어렵다. 석회(石灰)를 줄여서 회(灰)라고도 하지만 석회와 재는 거리가 멀다. 석회와 풀을 태운 재 중에 어느 걸 말하는

지 다른 전문가가 근거를 찾아서 밝혀주면 좋겠다. 무회주와 관련해서 알아둘 말이 국어사전에 하나 더 나온다.

¶무화주(無花酒): 궁중에서, '무회주(無灰酒)'를 이르던 말.

이번에는 무회주의 유의어로 제시된 순료(醇醪)와 순주(醇酒)가 어떤 술인지 생각해보자. 순(醇)은 진한 술을 뜻하고, 요(醪)는 막걸리를 뜻한다. 요(醪)가 들어간 막걸리 이름 몇 개가 국어사전에 실려 있다.

¶방요(芳醪): 맛이 좋은 막걸리.
¶촌료(村醪): 시골에서 만든 막걸리. =촌탁.
¶탁료(濁醪): 우리나라 고유한 술의 하나. 맑은술을 떠내지 아니하고 그대로 걸러 짠 술로 빛깔이 흐리고 맛이 텁텁하다. =막걸리.

진한 술이라는 말은 술을 빚은 다음 물을 섞지 않아 도수가 높은 술을 가리킨다. 따라서 순료(醇醪)와 순주(醇酒)는 처음에 빚은 상태 그대로 물을 타지 않은 순수한 원액 상태의 막걸리를 말한다. 매우 좋은 술을 가리킬 때 쓰는 말이기도 하다. 순료와 순주는 어려운 한자로 되어 있어 양반 계층들이 주로 쓰던 말이고, 일반 백성들이 쓰던 말은 따로 있었다.

¶전내기(全--): 물을 조금도 타지 아니한 순수한 술. ≒전술.

그러므로 순료(醇醪)와 순주(醇酒)는 무회주(無灰酒)의 다른 이름으로 쓰일 수 없다. 물을 안 타는 것과 다른 물질을 안 섞는 것은 엄연히 다르기 때문이다. 무회주, 순료, 순주 모두 뜻풀이를 다시 해주어야 한다.

백일주와 천일주

술은 오래 묵을수록 맛있다는 말이 있다. '오래'라면 어느 정도 기간을 말하는 걸까?

¶백일주(百日酒): 담근 뒤에 백 일 동안 땅속에 묻어 두었다가 거른 술.

¶천일주(千日酒): 빚어 담근 지 천 일 만에 마시는 술.

백 일은 그럴 수 있다 치지만 천 일은 정말로 그토록 오래 기다렸다 마시는 술이 맞을까? 포도주야 오래 숙성될수록 좋다고 하지만, 우리 전통주에서는 그런 예를 찾기 어렵다.

우선 백일주부터 알아보자. 민족문화대백과사전에 따르면 백일주는 빚는 데 백 일 걸리는 술과 땅에 백 일 동안 묻어두었다 마시는 술, 두 종류가 있다. 국어사전의 풀이는 두 번째 설명에 나오는 백일주에 해당하는 셈이다. 백일주라는 이름이 붙은 전통주로 계룡백일주가 있는데, 1989년에 충청남도 무형문화재 제7호로 지정되었다. 인조반정의 공신인 이귀(李貴)의 부인 인동 장씨가 왕실에서 백일주 제조법을 배워 이들 가문에서 제조하기 시작했다고 알려져 있다.

한편 고려대한국어대사전에는 "학생들의 은어로, 상급 학교 입학시험을 백 일 앞두고 학생들이 합격을 기원하며 마시는 술을 이르는 말"이라는 풀이가 하나 더 실려 있다.

천일주에 대한 설명 역시 민족문화대백과사전에서 찾을 수 있다. 하지만 국어사전의 풀이와는 전혀 다른 내용으로 기술되어 있다. 천일주를 빚는 순서는 이렇다.

1. 멥쌀과 누룩으로 밑술을 만든 뒤 추울 때는 8~9일이, 더울 때는 7~8일 정도 지나게 한다.

2. 밑술을 다른 데로 옮긴 다음 그 항아리에 물을 채워 넣는다.

3. 찹쌀 한 말을 쪄서 식힌 뒤 애초에 옮겨놓은 밑술과 밑술을 만든 항아리에 담아놓았던 물과 섞어 술을 빚어 온도가 적당한 곳에 보관한다.

4. 하루 정도 지난 뒤 몇 차례 도청(淘淸, 탁한 액체를 가라앉혀

서 맑고 깨끗하게 함.)하면 빛이 맑은 술이 된다.

덧붙여 천일주는 9~10월이나 동지섣달, 정이월에 담그며, 늦은 봄과 여름에는 못 담근다고 했다. 어디에도 천 일이라는 긴 시간을 필요로 한다는 말이 없다. 오히려 다른 종류의 술 담는 정도 시간이면 충분함을 알 수 있다.

천일주라는 명칭은 「춘향가」에도 나오고 중국 문헌에도 자주 등장한다. 대체로 맛 좋은 술 정도의 의미를 담고 있으며, 경우에 따라 한 번 마시면 천 일 동안 취한 상태로 있게 된다고 해서 천일주라는 이름을 붙였다고도 한다. 이와 같은 설이 내게는 더 설득력 있게 들린다. 천일주에 해당하는 말이 국어사전에 따로 실려 있다.

¶일취천일(一醉千日): 한 번 마시면 천 일을 취한다는 뜻으로, 아주 좋은 술을 이르는 말.

중국 서진(西晉)의 학자 장화(張華)가 펴낸 『박물지(博物志)』에 천일주와 관련한 재미있는 이야기가 나온다.

술꾼으로 이름난 유현석(劉玄石)이라는 사람은 독특한 술을 좋아했다. 그가 하루는 천일주(千日酒)를 구해서 집으로 가져가 취하도록 마시고 잠이 들었다. 며칠이 지나도록 깨어나지 않자 식구들이 죽은 줄 알고 장사를 지냈다. 천 일이 지난 다음 천일주를 팔았던 술집 주인이 유현석의 집을 찾아갔다. 이제 술이 깼으려니 한 것이다. 문을 두드리자 소복을 입은 여인이 나와서 유현석이 이미 3년 전에 죽어서 장사를 치렀다고 했다. 놀란 술집 주인이 유현석의 무덤으로 가서 땅을 파고 관 뚜껑을 열자 유현석이 그제서야 눈을 뜨고 하품을 하면서 자신이 왜 관 속에 누워 있느냐고 했다. 무덤가에서 그 모습을 본 사람들이 다 웃었는데, 그때 유현석의 술기운이 그 사람들의 콧속으로 파고들어 그들도 각자 석 달 동안 취해서 잠을 잤다.

야담 수준의 이야기지만 천일주가 사람들에게 어떤 의미로 받아들여지고 있었는지 짐작할 수 있는 사례라고 하겠다. 국어사전 속의 천일주 풀이는 한자의 뜻을 곧이곧대로 풀어 쓴 것에 지나지 않는다.

절기에 따라 빚어 마시는 술

술꾼들에게야 술 마시는 때가 딱히 정해져 있을 리 없지만, 조상들은 계절의 변화와 절기에 따라 각기 다른 술을 빚어서 마셨다.

¶절기주(節氣酒): [민속] 절기에 따라 즐겨 만들어 마시는 술. 정월 초하루에 마시는 도소주(屠蘇酒), 유두일에 마시는 유두주(流頭酒), 가을의 국화주(菊花酒) 등이 있다.

고려대한국어대사전에만 있는 낱말인데, 풀이에 나오는 유두주는 표제어에 없다. 유두주라고 해서 특별한 주조법에 따라 빚어 마시던 술은 아닌 듯하다. 도소주와 국화주는 표제어에 있다.

¶국화주(菊花酒): 국화를 재료로 빚은 술. 주로 감국(甘菊)의 꽃과 생지황.구기자나무 뿌리의 껍질과 찹쌀을 넣어서 빚는데, 한방에서 치풍제(治風劑)로 쓴다. 이 밖에도 감국의 꽃이나 싹을 달여 그 즙으로 만든 것과, 감국 · 사탕 · 숙지황 · 인삼을 소주 단지에 넣고 봉하였다가 70일 만에 찌끼를 버리고 먹는 것이 있다.

무척 자세한 풀이를 달아 놓았지만 절기주와 관련한 내용은 보이지 않는다. 다른 낱말을 보면서 설명을 이어가자.

¶수유절(茱萸節): 중국의 명절 가운데 하나. 음력 9월 9일로, 높은 산에 올라 수유가 열린 가지를 꺾어 머리에 꽂고 국화주를 마시며 사기(邪氣)를 물리치는 풍습이 있다.

수유절의 본래 명칭은 중양절(重陽節)로, 9가 두 번 겹쳤다고 해서 중구일(重九日) 혹은 중구절(重九節)이라고도 한다. 중국에서는 매우 큰 명절로 쳤으며, 우리나라에도 전해져 예전에는 다양한 행사를 했다. 수유절 풀이에 국화주가 등장한다. 중국 사람들은 중양절에 등고회(登高會)라고 해서 수유 열매를 담은 주머니를 차고 산에 올라 시를 짓고 국화주를 마시며 놀았다. 이와 관련해서 특이한 낱말 하나가 표준국어대사전 한 귀퉁이를 차지하고 있는 걸 볼 수 있다.

¶수유녀(茱萸女): 중국 당나라의 풍속에서, 음력 9월 9일 중구일에 수유를 띄운 술을 손님에게 권하는 여자.

이런 낱말까지 우리 국어사전에 실을 필요가 있었을까? 꼼꼼하다기보다 지나치다 싶은 마음이 먼저 든다. 이 말은 당나라 시인 장악(張諤)이 쓴 시 「구일연(九日宴)」에 나온다.

秋葉風吹黃颯颯(추엽풍취황삽삽)
晴雲日照白鱗鱗(청운일조백인린)
歸來得問茱萸女(귀래득문수유녀)
今日登高醉幾人(금일등고취기인)

가을 잎에 바람 부니 노란 국화 살랑살랑대고
맑은 구름에 햇빛 비치니 흰 구름 비늘처럼 빛나네.
돌아오는 길에 기회 얻어 수유녀에게 물었다네.
오늘 높은 산에 오른 이들 중 몇 사람이나 취했던가.

시에 나오는 수유녀를 어떻게 해석해야 할까? 국어사전에 나온 것처럼 수유 띄운 술을 손님에게 권하는 여자라고 하는가 하면 수유 띄운 술을 파는 여자, 혹은 수유나무 가지나 수유 열매를 머리에 꽂은 여자라고 해석하는 사람도 있다. 수유는 중양절과 관계가 깊으며, 수유의 붉은 색이 악귀나 나쁜 기운을 물리쳐준다고 한다.

¶납주(臘酒): 음력 12월에 담가서 다음 해에 거른 술. =노주.

납월(臘月)은 음력 12월을 가리키며, 이 무렵은 한 해를 마무리하고 새해 맞을 준비를 하느라 분주한 시간을 보낸다. 그리고 동지 뒤 셋째 미일(未日)인 납일(臘日)에는 민간이나 조정에서 조상을 위한 제사를 지냈다. 그리고 납일(臘日)에 내린 눈이 녹은 물을 납설수(臘雪水)라 하여 약으로 썼다. 이렇듯 납월과 납일은 옛사람들에게 중요한 의미를 지니고 있었다. 그러므로 납주(臘酒) 역시 특별한 마음을 담아서 빚던 술임을 짐작해볼 수 있다. 술을 빚을 때 쉰밥을 함께 섞어서 발효시키는 특별한 방법을 사용한다.

납주에 대해서는 두 가지 설이 있다. 섣달에 빚어서 납일에 마시는 술이라는 설과 납일에 빚어서 다음 해에 마시는 술이라는 설이다. 두 가지 모두를 아울러 납주라고 했을 수도 있다.

¶세주(歲酒): 설에 쓰는 술.
¶청명주(淸明酒): 청명(淸明)이 든 때 담근 술. ≒춘주(春酒).
¶창포주(菖蒲酒): 창포를 넣어 빚은 술.

풀이에 다른 설명은 없지만 이 술들도 절기주에 해당한다고 할 수 있다. 창포주는 오월 단오 무렵에 빚어 마시는 술이다.

¶삼해주(三亥酒): 정월의 세 해일(亥日)에 만든 술. 음력 정월 상해일에 찹쌀가루로 죽을 쑤어 식힌 다음에 누룩가루와 밀가루를 섞어서 독에 넣고, 중해일에는 찹쌀가루와 멥쌀가루를 쪄서 식힌 후에 독에 넣고, 하해일에는 흰쌀을 쪄서 식혀서 독에 넣어 익힌다. ≒춘주(春酒).

¶사마주(四馬酒): 새해에 오일(午日)마다 네 번을 거듭 빚어서 봄을 지내며 익힌 술. 해가 지나도 술이 변하지 않는다.

절기주의 개념을 더 폭넓게 잡으면 삼해주와 사마주도 특정한 시기에 빚는 술이므로 같은 범주로 묶을 수도 있겠다. 삼해주는 서울 무형문화재 제8호로 지정되어 있다.

도소회와 도소주

국립중앙박물관이 2019년 4월 16일 심전(心田) 안중식(1861~1919) 100주기를 맞아 '근대 서화, 봄 새벽을 깨우다'라는 특별전을 열었다. 안중식은 오원 장승업의 제자로, 근대 서화가의 거장으로 유명한 사람이다. 이때 전시된 그림 중에「탑원도소회지도(塔園屠蘇會之圖)」라는 게 있었다. 제목은 탑원에서 도소회를 여는 그림이라는 뜻이다.

탑원(塔園)은 서예가이자 독립운동가인 오세창(吳世昌, 1864~1953) 선생이 살던 집을 이르던 이름이다. 탑골 근처에 집이 있어 그런 이름을 붙여주었다. 1912년 정초에 오세창의 집에 안중식 등 여덟 명이 모여서 도소주(屠蘇酒)를 마시며 우의를 나누었다. 그 모임을 안중식이 도소회(屠蘇會)라 명명하고 그림까지 그려서 오세창에게 헌정했다. 그날 모인 여덟 명이 정확히 누구누구였는지는 기록에 없고, 그들이 어떤 이야기들을 나누었는지도 모른다. 다만 나라를 빼앗긴 지 얼마 안 된 시점이므로, 시서화(詩書畫)에 대한 이야기뿐만 아니라 나라 잃은 설움에 대한 이야기도 나누지 않았을까 짐작만 해볼 뿐이다.

안중식의 그림 덕분에 도소주라는 이름을 가진 술이 있다는 걸 알게 되었다. 국어사전에 아래와 같은 낱말들이 나온다.

¶도소(屠蘇): [한의] 산초·방풍·백출·밀감 피·육계 피 따위를 섞어서 술에 넣어 연초(年初)에 마시는 약. 이것을 마시면 한 해의 나쁜 기운을 없애며 오래 살 수 있다 한다. ≒도소산.

¶도소주(屠蘇酒): 도라지, 방풍, 산초, 육계를 넣어서 빚은 술. 설날 아침에 차례를 마치고 세찬(歲饌)과 함께 마시는 찬술로, 나쁜 기운을 물리친다고 한다.

국어사전에서는 도소를 약재로, 도소주를 그 약재를 넣어서 만든 술 이름으로 풀이하고 있다. 그런데 재료에서 도소에는 '육계 피', 도소주에서는 '육계'라고 해놓았다. 한자 표기가 없다 보니 무얼 뜻하는 재료인지 헷갈리면서, 엉뚱하게 닭고기 껍질을 떠올리는 사람도 있을 듯싶다. 육계는 아래에 해당하는 낱말이다.

¶육계(肉桂): [한의] 5~6년 이상 자란 계수나무의 두꺼운 껍질을 한방에서 이르는 말. 건위제와 강장제로 쓴다.

'육계'에 이미 껍질의 뜻이 있으므로 '도소' 항목에서 육계 다음에 '피'라는 말을 넣을 필요가 없었다.

도소주를 마시는 풍습은 본래 중국에서 건너왔다. 후한(後漢)의 화타(華陀)가 처음 만들었다는 설과 당나라 때 손사막(孫思邈)이 만들었다는 설이 있다. 6세기 중반에 양나라 사람 종름(宗懍)이 편찬한 『형초세시기(荊楚歲時記)』라는 책에 도소주를 마시는 풍습이 기록되어 있다. 정월 초하룻날에 집안 식구 모두 새 옷을 입고 차례로 절을 한 다음 먼저 초백주(椒柏酒)를 마시고 도탕(桃湯)을 먹으며 도소주(屠蘇酒)를 마신다고 한다. 이때 나이가 적은 사람부터 마시는데, 젊은 사람은 나이를 먹어 어른이 되어가는 기쁨을 축하하기 위한 뜻이란다. 반면 늙은 사람은 이제부터 나이를 하나씩 잃어가는 서러움 때문에 나중에 마신다고 한다.

이런 풍습이 우리나라에 건너온 것은 고려 무렵으로 보이며 조선 시대에도 계속 이어졌다. 그래서 여러 시인들이 남긴 문집이나 시에 도소주가 등장하곤 한다.

허준의 『동의보감』을 비롯해 『오주연문장전산고』나 『증보산림경제』에 도소음(屠蘇飮)이라 하여 도소주를 담가서 마시는 방법이 기록되어 있다. "백출 1냥 8전, 대황 1½냥, 도라지 1½냥, 천초 1½냥,

계심 1½냥, 호장근 1냥 2전, 천오 6전을 썰어 베주머니에 넣어서 섣
달 그믐날에 우물에 넣었다가 다음날인 정월 초하루 이른 새벽에
꺼내어 청주 2병에 넣어 두어 번 끓인 후, 남녀노소 할 것 없이 동쪽
을 향하여 한 잔씩 마시고 그 찌꺼기는 우물 속에 넣어두고 늘 그
물을 퍼서 음용한다"라는 게 주된 기록의 내용이다.

　일제강점기까지도 그런 풍습이 꽤 남아 있었음을 안중식의 그림
에서 알 수 있거니와, 동아일보 옛 기사에도 여러 건의 도소주 관련
내용이 나온다. 기사 제목 몇 개만 살펴보자.

　　도소주(屠蘇酒) 취객(醉客) 자동차(自動車)에 역상(轢傷)(1935. 2. 6.)
　　도소주(屠蘇酒)에 취해 우인(友人)을 타살(打殺)(1935. 2. 7.)
　　도소주(屠蘇酒)에 취한 노인 동결시(凍結屍)되어 발견(1935. 2. 9.)
　　도소주(屠蘇酒) 취객(醉客) 교하(橋下)에 추락(墜落) 참사(慘事)
(1935. 2. 10.)

　한 해의 나쁜 기운을 없애주어 오래 살 수 있다는 도소주가 거꾸
로 사람을 잡은 셈이니, 아무리 좋은 술이라도 과음은 삼가야 할
일이다. 도소주와 함께 정초에 마신다는 초백주도 국어사전에 나
온다.

　¶초백주(椒柏酒): 산초나무 열매와 잣을 넣어 빚은 술. 섣달 그

믐날 밤에 담가서 정초에 마시면 괴질을 물리친다고 한다.

　참고로 도소주를 마시는 풍습은 우리나라는 물론 중국에서도 거의 사라졌지만 일본에서는 아직도 도소주 풍습이 남아 있다. 토소(屠蘇) 혹은 오토소(お屠蘇)라는 이름으로 불린다. 오토소를 마실 때 잔 세 개를 준비하는데 나이순으로 어린 사람이 작은 잔에 술을 받는다. 그리고 한 번에 마시면 안 되고, 잔을 손에 들고 한 모금씩 세 번에 나누어 마신다.

신선이 마신다는 술

신선은 도를 닦아서 현실의 인간 세계를 떠나 자연과 벗하며 산다는 상상의 사람을 뜻한다. 그런 신선이 마신다는 술 이름이 국어사전에 실려 있다.

¶유하주(流霞酒): 신선이 마신다는 좋은 술의 이름. =유하.

풀이대로 하면 신선은 현실 세계의 사람이 아니므로 유하주 역시 현실 세계에 존재하지 않는 술이라고 하겠다. 중국 후한 시대에 왕충(王充)이 지은 책 『논형(論衡)』에 유하주에 얽힌 이야기가 나온다. 만도라는 사람이 신선을 만나 유하주를 얻어먹었는데 한 잔을 마시니 몇 달 동안 배가 고프지 않았다고 한다. 이로부터 신선이 마신다는 술을 유하주라고 부르게 되었다는 얘기다. 이후 중국과 우리나라의 여러 시인들이 유하주를 시 속으로 끌어들였다.

당나라의 시인 이상은(李商隱, 812~858)이 지은 시 「화하취(花下醉)」를 감상해보자.

尋芳不覺醉流霞(심방불각취유하)
依樹沈眠日已斜(의수침면일이사)
客散酒醒深夜後(객산주성심야후)
更持紅燭賞殘花(갱지홍촉상잔화)

꽃 보러 갔다 보지 못하고 유하주에 취했네.
나무에 기대어 잠든 사이 해는 기울고
사람들 모두 돌아간 깊은 밤에야 술이 깨어
다시 촛불 밝혀 남은 꽃을 구경하노라.

정철의 「관동별곡」을 비롯해 허균의 시에서도 유하주를 만날 수 있다. 그런데 이 유하주가 정말 전설에만 등장했던 술 이름일까? 유하주는 조선 시대에 조상들이 빚어 마시던 술 이름이기도 하다. 누군가 술 이름을 정할 때 신선이 마실 만큼 좋은 술이라는 뜻을 담아서 사용했을 것으로 짐작해볼 수 있는데, 국어사전에서는 실제 존재했던 술이라는 풀이를 생략하고 있다.

유하주 빚는 법은 박세당(朴世堂, 1629~1703)의 『색경(穡經)』과 서유구의 『임원경제지』 등 여러 문헌에 기록으로 남아 있으며, 기록마다 빚는 법이 조금씩 다르다. 이 유하주를 국순당에서 전통 방식으로 재현했다는 기사가 있다.

전통주 전문 기업 국순당(대표 배중호)은 지난 2008년부터 추진하고 있는 우리 술 복원사업의 21번째로 조선 시대 명주 '유하주(流霞酒)'를 복원했다고 29일 밝혔다.

유하주는 쌀누룩으로 빚어 향이 담백한 조선 시대 전통 청주다. 반은 생쌀로 반은 익혀서 술을 담는 반생반숙법으로 만들어 생쌀의 깔끔함과 익은 쌀의 부드러움을 모두 느낄 수 있다. …… 국순당이 이번에 복원한 '유하주'는 1450년경 어의 전순의가 지은 국내에서 현존하는 요리책 중에서 가장 오래된 서적인 『산가요록(山家要錄)』의 제법으로 복원됐다.

—『머니투데이』, 2013. 1. 29.

전순의가 궁중의 어의였음에 비추어 유하주를 궁중에서 빚어 마셨음을 알 수 있다. 조선왕조실록에 유하주가 몇 차례 등장하는데 그중의 한 대목이다.

"교화를 베푼 지 30년이 되었고, 수는 4순(四旬)을 더하였습니다. 지금부터 오래오래 뻗어 나가서 1만 8천년 동안 사소서. 큰 술잔으로 유하주(流霞酒)를 잔질하니 남극성의 빛이 면류관에 빛납니다. 한 전당(殿堂)에 기쁨이 넘치니 온 나라가 함께 즐거워합니다" 하였다. (왕세자가 지었다.)

—『순조실록』30권, 순조 29년 2월 9일.

순조가 즉위한 지 30년으로 접어드는 걸 축하하기 위해 벌인 연회에서 왕세자가 지어 올린 치사(致詞)의 한 대목이다. 유하주를 마시고 만수무강하기를 축원하는 내용인데, "1만 8천년 동안 사소서"라는 표현에서 옛사람들이 얼마나 과장법에 능했는지 알 수 있다. 유하주가 신선이 마시던 술이라는 데서, 장수를 빌 때 유하주를 사용했을 것으로 짐작해볼 수 있다.

춘(春) 자 돌림의 술

최남선은 술의 품격을 이야기하며 이름에 노(露), 고(膏), 춘(春), 주(酒)가 들어간 순서대로 좋은 술이라고 했다. 노(露)가 붙은 건 감홍로, 고(膏)가 붙은 건 죽력고와 이강고가 있다. 춘(春)이 붙은 술에는 어떤 게 있을까? 국어사전에 몇 개의 이름이 나온다.

¶봉래춘(蓬萊春): 맑은 물에 밀과 후추를 넣고 중탕하여 만든 술.
¶백화춘(百花春): 찹쌀로 빚은 술. 맛이 시원하고 향기롭다.
¶옹두춘(甕頭春): '옹두'를 아름답게 이르는 말.

봉래춘 재료에 밀이 나오는데『임원경제지』,『조선무쌍신식요리제법』등의 문헌에는 밀이 나오지 않는 대신 황납, 댓잎, 천남성을 넣는다고 되어 있다. 솥에다 맑은 물을 넣은 후 강한 불로 끓이고 청주와 앞서 말한 재료를 넣은 술 항아리를 솥 위에 걸어 김을 쏘이게 하는 방식으로 중탕해서 만든 술이다.

백화춘은 봄에 빚어 마시기 좋으며, 술 표면에 흰개미처럼 생긴 게 둥둥 뜰 때 먹으면 향기롭고 맑게 톡 쏘는 맛이 난다고 한다.

옹두춘은 특정한 술 이름을 가리키는 게 아니다. 옹두의 뜻은 이렇다.

¶옹두(甕頭): 처음 익은 술.

옹두와 비슷한 뜻을 가진 낱말이 있다.

¶꽃소주(-燒酒): 소주를 고아서 맨 먼저 받은 진한 소주.

술 이름에 춘(春)을 붙이기 시작한 건 당나라에서 시작했으며, 흔히 고급 청주를 가리킬 때 사용한다. 일본에도 춘(春)을 붙인 술 이름들이 있다.

국어사전에 실린 술보다 더 유명한 술들이 있는데 다들 빠졌다. 그중에서 유명한 술 몇 개만 소개한다.

먼저 소개할 술은 호산춘이다. 호산춘은 두 종류인데, 전라북도 익산시 여산면에 있는 산 이름인 호산(壺山)에서 따온 호산춘(壺

山春)과 지금도 경상북도 문경에서 빚는 호산춘(湖山春)이 있다. 문경의 호산춘은 1991년에 경상북도 무형문화재 제18호로 지정되었다. 재료에 솔잎을 넣어 솔향이 그윽하게 퍼지도록 한 게 이 술의 장점이다. 문경시 산북면 대하리에 사는 장수 황씨(長水黃氏) 집안에서 대대로 내려온 술이다.

노산춘(魯山春)은 봄철에 찹쌀과 멥쌀을 이용해서 빚으며,「농가월령가」에 3월의 명주로 나온다. 몇몇 문헌에 주조법이 나와 있으며 충청도를 대표하는 술로 알려졌다. 하지만 지금은 맥이 끊긴 상태며 신탄진 쪽에 있는 주조 회사에서 노산춘을 개발한다고 한 적이 있으나 빛을 보지 못하고 있다.

약산춘(藥山春) 역시 봄에 빚어 마시는 술로 조선 중기에 서울의 약현(藥峴: 지금의 중림동)에 살던 서성(徐渻)의 집에서 빚던 술이라는 이야기가 전한다. 약주(藥酒)라는 말이 이 약산춘에서 왔다는 주장이 있으나 정확하지는 않다. 이 술 역시 맥이 끊긴 상태다.

그밖에 경액춘(瓊液春), 동정춘(洞庭春) 등이 기록에 남아 있다. 국순당에서 전통주 복원에 힘쓰면서 약산춘과 동정춘을 복원했다고 하는데 그중 기사 하나를 소개한다.

국순당 연구소 류수진 연구원은 "동정춘은 중국에서 유래된 술로 중국의 문사들 사이에서 명주로 알려졌던 술이다. 중국 동파 소식(蘇軾)의 시 중에서 동정춘의 깊고 풍부한 향과 은은하게 반짝이는 술 빛깔 등을 묘사한 구절이 있을 정도"라며 "특히 '좋은 이름을 붙이고 싶을 뿐 술의 양은 묻고 싶지 않네'라는 구절을 통해 술 빚는 원료나 정성에 비해 얻어지는 술의 양이 아주 적다는 것도 알 수 있다"고 말했다.

—『식품외식경제』, 2009. 5. 19.

    기사에 언급된 대로 "얻어지는 술의 양이 아주 적"은 이유는 술을 빚을 때 물을 사용하지 않기 때문이다. 그래선지 국순당에서도 복원 후 한정 판매에 그치고 말았다.

나라의 제사 때 쓰던 술

제사를 지낼 때 술을 사용하는 법식은 아주 오랜 옛날부터 있었다. 특히 나라에서 드리는 제사는 격식이 무척 까다로울 뿐만 아니라 사용하는 술의 종류에 대해서도 엄격했다. 종묘제례(宗廟祭禮) 같은 국가 차원의 제향 의식은 성대하면서도 절차가 복잡했는데, 이런 절차는 대개 중국 왕실에서 하던 방식을 그대로 들여온 것이다. 그중에서 술과 관련한 내용들을 살펴보려고 한다.

¶오제(五齊): 예전에, 제사에 쓰던 다섯 가지 술. 곧 범제(泛齊), 예제(醴齊), 앙제(盎齊), 제제(緹齊), 침제(沈齊)를 이른다. ≒오주(五酒).

148

풀이에서 그냥 제사라고만 했는데, 일반 가정에서 지내는 제사가 아니라 국가 차원에서 지내던 제사를 말한다. 물론 양반가에서도 제사를 지낼 때 비슷한 의례를 취하긴 했으나 연원은 국가의 제사 방식에서 비롯한 것이다. 오제(五齊)와 풀이 안에 있는 술 이름들은 표준국어대사전에만 실려 있다.

¶범제(泛齊): 예전에, 제사 지낼 때 쓰는 다섯 가지의 술 가운데 하나인 '탁주'를 이르던 말. 술을 담가놓으면 처음에 앙금이 허옇게 뜨는데 이것을 그대로 퍼서 제사에 썼다. ≒범주(泛酒).

¶앙제(盎齊): 제사에 쓰는 술. 빛깔이 매우 엷고 푸르며, 오제(五齊)를 만들 때에 세 번째로 얻는 술이다. ≒백차주.

¶침제(沈齊): 제사를 지낼 때에 쓰는, 찌꺼기가 가라앉은 술. 오제(五齊)를 만들 때에 맨 나중에 얻는 술로서 맑고 맛이 좋다.

오제 중에 예제(醴齊)와 제제(緹齊)는 어디로 갔는지 보이지 않는다. 이런 무신경이 표준국어대사전 도처에 보이므로 왜 그랬는지 일일이 따지는 건 부질없는 일일지도 모른다.

오제(五齊)를 구분하고 정리한 건 중국 주나라 왕실의 관직 제도와 전국 시대 각국의 제도를 기록한 경전인 『주례(周禮)』에서였다. 이 『주례(周禮)』에 실린 내용들은 이후 중국과 우리나라 왕실의 제도와 법식을 규정하는 기준이 되었다. 주나라는 왕실의 살림을 관장하는 벼슬아치로 분야에 따라 여러 명의 관리를 두었는데, 그중에서 음식과 술을 관장하는 우두머리를 식관(食官)이라 했으며, 그 아래 술을 다루는 주정(酒正)과 주인(酒人)을 두었다.

¶주인(酒人): 1. 술을 잘 마시는 사람. =주호(酒豪). 2. [역사] 술 빚는 일을 맡아보던 벼슬.

주정(酒正)은 표제어에 없다. 주인(酒人)의 두 번째 풀이에서 중국 왕실의 직책이라는 말이 들어갔어야 한다. 『주례(周禮)』에 따르면 주정(酒正)이 오제를 구분해서 관리하고, 삼주사음(三酒四飮)을 판별하는 역할을 맡았다. 그 아래 주인(酒人)은 직접 술을 빚는 역할을 맡은 사람이다. 삼주는 표준국어대사전에 다음과 같이 나온다.

¶삼주(三酒): 나라의 제향에 쓰는 세 가지 술. 사주, 석주, 청주를 이른다.

삼주에 해당하는 세 가지 술 이름이 국어사전에 있다.

¶사주(事酒): 1. 일이 있을 때 마시는 술. 2. 예전에 제사에 쓰던 술. 제사가 끝난 뒤에 하인이나 종들에게 주었다.

¶석주(昔酒): 제사에 쓰기 위하여 오랫동안 익힌 술. 보통 겨울철에 담가 이듬해 봄철에 쓴다.

¶청주(淸酒): 1. 찹쌀을 쪄서 지에밥과 누룩을 버무려 빚어서 담갔다가 용수를 박아서 떠낸 술. 2. 쌀, 누룩, 물 따위를 원료로 하여 빚어 만든 술. 빛깔이 맑고 투명하다.

청주의 풀이에 우리가 아는 대로 맑은술이라는 뜻만 있고 제사와 관련한 내용은 싣지 않았다. 청주는 '맑을 징(澄)'을 써서 징주(澄酒)라고도 부른다.

사주는 계절에 상관없이 빚으며 가장 빨리 익는 술이다. 그래서 제사가 끝난 뒤 수고한 아랫사람들에게 주는 술로 사용했다. 청주는 봄에서 초여름에 빚으며 맑고 진한 술이다. 석주는 사주와 청주의 중간쯤 되는 술로, 겨울에 담아 봄에 사용하므로 시간이 많이 걸린다 하여 '옛 석(昔)' 자를 썼다.

사음(四飮)은 국어사전에 없는데 청(淸), 의(醫), 장(漿), 이(酏)를 말한다. 청(淸)은 술지게미를 걸러낸 맑은술, 의(醫)는 죽을 발효시켜 빚은 술, 장(漿)은 신맛이 나는 술, 이(酏)는 단술을 말한다.

제사 때 쓸 술을 담아두는 술통도 모양과 용도가 다양했다. 국어사전에 다음과 같은 낱말들이 실려 있다.

¶희준(犧尊/犧樽/犧罇): 제례 때에 쓰는 술 항아리의 하나. 목제

(木製)이며 짐승의 모양으로 만들었다.

¶상준(象樽): [공예] 코끼리 문양을 새기거나 코끼리 모양으로 만든 제사용 술통.

¶산준(山尊): [공예] 제례(祭禮) 때에 현주(玄酒)나 앙제를 담는 데에 쓰던 단지. =산뇌.

¶상준(上尊): 제사를 지낼 때, 잔을 올리는 사람의 왼쪽에 놓는 술통.

¶준뢰(樽罍): 제사를 지낼 때에 술을 담는 그릇.

¶대준(大尊): [공예] 추향대제.조향(朝享).조전(朝奠)에 현주(玄酒)나 예제(醴齊)를 담던 준(尊).

희준의 풀이에서 짐승의 모양이라고 했는데, 정확히는 소의 모양이다. 그리고 목제라고 했지만 대부분 놋쇠로 제작했으며 나중에는 도자로 만든 것도 있다. 희준에는 예제를, 상준에는 앙제를, 산준에는 청주를 담았다. 대준의 풀이에 나오는 현주(玄酒)는 술이 아니라 맑은 물이다. 태곳적에는 술이 없어 물로 제례를 행했는데, 그런 전통을 이어받은 것이다. 희준과 상준은 모두 주나라 왕실에서 쓰던 술통을 본뜬 것이다.

왕실에서 사용하던 술통 하나를 더 소개한다.

¶용준(龍樽/龍罇): 용을 그린 술 그릇.

표준국어대사전의 풀이인데, 내용이 너무 간략하다. 고려대한국어대사전에서는 "용을 무늬로 그려 넣은 술그릇"이라고 했는데, 역시 빈약한 내용에 문장도 어색하다. 용준은 궁중에서 제사를 마친 후 임금과 신하들이 모여 음복주를 나누어 마실 때 임금이 마시는 술을 담아두던 통이다. 풀이에서 그릇이라고 했는데, 술통이나 술단지, 술동이 등으로 표현하는 게 나았다.

술 같지 않은 술

전주에 여행을 갔다가 아침에 식당에서 콩나물국밥을 시켜 먹으며 반주로 모주를 마셔본 사람이 많을 것이다. 일종의 해장술을 마시는 건데, 이때 마시는 모주는 워낙 도수가 낮아 술은 술이되 술 같지 않은 술이다.

표준국어대사전에는 모주를 이렇게 풀이하고 있다.

¶모주(母酒): 1. 재강에 물을 타서 뿌옇게 걸러낸 탁주. 2. 술을 늘 대중없이 많이 마시는 사람을 놀림조로 이르는 말. =모주망태.

풀이를 보면 우리가 아는 모주와 조금 차이가 있다. 그리고 두 번째 풀이인 모주망태와 동의어라는 말은 쉽게 수긍하기 어렵다.

모주망태에 해당하는 말로는 모주꾼이라는 말이 따로 있다. 고려대한국어대사전에는 두 번째 풀이가 없으며 다음과 같이 풀어놓았다.

¶모주(母酒): 술지게미에 물을 타서 뿌옇게 걸러낸 탁주.『대동야승(大東野乘)』에 의하면 인목 대비의 어머니인 노씨부인(盧氏婦人)이 광해군 때 제주도로 귀양을 가서 술지게미를 재탕한 막걸리를 만들어 섬사람에게 값싸게 팔았는데, 왕비의 어머니가 만든 술이라고 대비모주(大妃母酒)라 부르다가 나중에는 '대비' 자를 빼고 그냥 모주라 불렀다 한다.

표준국어대사전은 재강에, 고려대한국어대사전은 술지게미에 물을 탄다고 했다. 둘은 어떤 차이가 있을까? 앞은 표준국어대사전, 뒤는 고려대한국어대사전의 풀이다.

¶재강: 술을 거르고 남은 찌꺼기
¶술지게미: 재강에 물을 타서 모주를 짜내고 남은 찌꺼기. =지게미.

¶재강: 술을 거르고 남은 찌꺼기
¶술지게미: 술을 거르고 남은 찌꺼기.

표준국어대사전은 술을 거르고 남은 걸 재강이라 하고 재강을 또 거른 걸 술지게미라고 했으며, 고려대한국어대사전은 두 낱말을 동의어로 처리했다. 고려대한국어대사전의 풀이가 맞다. 다들 가난하게 살던 시절에는 먹을 게 없어 양조장에 가서 술지게미를 얻어와 양식으로 대신했다는 얘기를 자주 들었다. 술을 거르고 난 찌꺼기일지라도 웬만큼 영양분이 남아 있으므로 어설프나마 끼니 대용으로 삼을 수 있었다. 그런데 모주를 만든다고 한 번 더 거르고 나면 무엇이 남겠는가.

고려대한국어대사전에서는 모주의 유래까지 자세히 밝혔다. 『대동야승』은 항간에 떠도는 야사를 모은 것이라 거기 실린 내용이 100% 사실이라고 하기 어렵다. 모주의 유래에 대해서는 술을 즐기는 아들을 걱정한 어머니가 몸에 좋은 약초와 단맛을 내는 재료를 넣고 도수가 매우 낮은 술을 만들어주었다고 해서 어머니가 빚은 술 즉, 모주라고 했다는 설도 있다. 유래를 설명한 것까지 탓할 수는 없겠으나 불명확한 유래 대신 차라리 더 중요한 내용을 담는 게 좋았겠다는 점에서 아쉬움이 남는다. 두 사전 모두 찌꺼기를 거른다고만 했는데, 그건 옛날에 모주를 만들던 방식이다. 서울에서 날품팔이 등을 하는 가난한 이들을 위해 술지게미를 대충 걸러서 싼값의 모주를 만들어 팔았다. 하지만 지금 서울에서는 모주를 보기 힘들고, 전주에서 만드는 모주는 찌꺼기에 물을 타서 끓이는 과정을 거치고 있다. 끓이는 동안 알코올 성분이 날아가 1도 안팎의 약한 술이 되는 것이다. 맛과 향을 내기 위해 계피와 같은 다양한 재료를 첨가해서 만들기도 한다.

모주와 비슷한 특징을 가진 술 이름이 고려대한국어대사전에 실려 있다.

¶쉰다리: [방언] 밥과 누룩으로 담가 만든 여름철 음료. 제주 지방의 방언이다.

풀이에 있는 것처럼 누룩을 사용했으므로 그냥 음료가 아니라 술에 가까운 음료라고 해야 맞다. 남은 밥이나 쉰밥에 누룩을 넣어 여름에는 1~2일, 겨울에는 5~6일 정도 발효시킨 후 체에 걸러 마시거나 끓여서 마신다. 모주와 마찬가지로 알코올 농도가 매우 낮으며 새콤하면서 단맛이 난다. 요즘은 제주 특산품으로 만들어 판매하는 곳도 있다.

아예 술이 아닌데 술이라고 하는 것도 있다. 감주(甘酒) 즉, 단술이라고 하는 게 그것인데, 다른 말로는 예주(醴酒)라고도 한다. 표준국어대사전에는 다음과 같이 풀었다.

¶예주(醴酒): 맛이 좋은 술. =감주.

명백히 틀린 풀이다. 예주와 관련해서 국어사전에는 오르지 못했지만 예주불설(醴酒不設)이라는 고사성어가 있다. 중국 한(漢)나라에 술을 마시지 못하는 목생(穆生)이라는 신하가 있었다. 그래서 왕이 연회를 베풀 때 목생을 위해 따로 예주(醴酒) 즉 단술을 준비해두곤 했다. 뒤이어 제위에 오른 그의 아들 무(戊)도 처음에는 목생을 위해 예주를 준비했으나 시간이 지나면서 예주를 챙기지 않았다. 그러자 목생은 왕이 자신을 잊었다며 벼슬자리를 버리고 떠났다. 이로부터 예주를 차리지 않았다는 뜻의 예주불설(醴酒不設)이 처음과 달리 시간이 지나면서 손님을 소홀하게 대한다는 말로 쓰이게 되었다.

모주나 쉰다리와 비슷한 성격의 외국 술 이름이 국어사전에 나온다.

¶크바스(러시아어, kvas): 엿기름, 보리, 호밀 따위로 만든 러시아의 맥주.

풀이에 맥주라고만 되어 있는데 알코올 도수가 1도 정도라 술이라기보다는 음료수에 가깝다. 크바스는 러시아를 비롯해 동유럽에 퍼져 있으며 어린아이들도 즐겨 마신다. 가정에서는 흑빵과 효모를 이용해 간단히 만들어 마시기도 한다.

4부
이상한 술의 세계

술의 하나면 술의 둘은 뭘까?

국어사전에서 술 이름을 찾다 보면, 어떤 술인지 설명도 하지 못할 걸 왜 실었는지 궁금할 때가 있다. 최소한의 내용이라도 담아야 하지 않을까? 아래와 같은 술 이름이 그렇다.

¶금분로(金盆露): 술의 하나.

끝에 '이슬 로(露)'가 붙은 건 대개 술 이름이다. 하지만 저 풀이를 보면 한숨과 함께 그래서 어쩌란 말인가, 하는 말이 튀어나온다. 조금만 조사를 하면 될 걸 왜 그런 수고를 안 하는 걸까?

『동의보감』탕액 편에 금분로가 나온다. 거기도 아주 짧은 설명만 나오는데, 내용은 다음과 같다.

出處州 醇美可尙 然劣於東陽(출처주 순미가상 연열어동양)

처주에서 나고 맛이 좋다. 그러나 동양주보다는 못하다.

처주(處州)는 중국 저장성(浙江省)에 있는 고장이니, 금분로는 중국에서 빚던 술이다. 금분로를 설명하는 다른 자료에는 생강즙을 섞어서 만들며, 몸의 독기를 없애고 피를 잘 통하게 하며 위와 장을 튼튼하게 한다고 했다. 『동의보감』을 지은 허준 선생은 금분로보다 동양주(東陽酒)가 윗길이라고 했는데, 정작 동양주는 국어사전 표제어에 없다. 『동의보감』에서는 동양주를 이렇게 소개한다.

酒味淸香 自古擅名 隣邑皆不及(주미청향 자고천명 인읍개불급)

술맛이 시원하고 향기로우며 예로부터 이름을 떨쳤다. 이웃의 모든 술이 이보다 못하다.

동양주는 중국에서 유입되어 우리나라에서도 빚어 마셨는데, 한자로 동양주(冬陽酒)라고 표기하기도 했다. 겨울철에 빚던 술임을 알 수 있다.

성의 없이 풀이한 술 이름이 표준국어대사전에 하나 더 나온다.

¶만전향(滿殿香): 술의 하나.

이건 또 무슨 술일까? 『고려사(高麗史)』충숙왕(忠肅王) 편에 "원나라 황제가 채하중(蔡河中)이 귀국하는 편에 안비(安妃)에게 만전향(滿殿香)을 하사했다"는 기록이 나온다. 채하중은 고려 말기의 무신이고, 안비는 원에 의해 심양을 다스리도록 책봉된 심양왕의 어머니다. 이 기록에 따르면 만전향(滿殿香)은 중국 원나라에서 빚던 술임을 알 수 있다.

이 술이 우리나라로 전해져 『임원경제지』와 『수운잡방』에 제조법이 소개되어 있으며, 만전향주라고도 한다. 두 자료를 비교해보면 제조법이 조금 다르다. 같은 술 이름이라도 시대에 따라 빚는 법이 달라지는 건 흔한 일이다. 그중 『임원경제지』에 실린 주조법은 출처를 1200년대에 원나라에서 만든 책인 『거가필용(居家必用)』으로 밝혀놓아서 만전향의 본래 모습에 가까울 듯하다.

『임원경제지』의 만전향주방(滿殿香酒方)에 다음과 같이 기록되어 있다.

밀가루 100근, 찹쌀가루 5근, 목향 반냥, 백출 10냥, 백단 5냥, 참외 100개로 향이 나게 잘 익은 것을 껍질과 씨를 제거하고 즙을 낸 것, 축사·감초·곽향 각각 5냥, 백지·정향·광령영향(廣苓苓香)

각각 2냥 반, 연꽃 200송이로 꼭지를 제거하고 즙을 낸 것을 준비한다. 위 9가지 재료를 모두 가루 내서 밀가루에 넣고 연꽃과 참외즙을 함께 고루 섞은 다음 밟아서 반죽 덩어리를 만들어 종이봉투에 넣고 바람이 잘 통하는 곳에 걸어두고 49일이면 사용할 수 있다. 쌀 1말당 누룩 1근의 비율로 만들어 여름철에는 항아리를 밀봉한다. 겨울에 약간 발효하면 묽은 찹쌀죽 1사발을 만들어 따뜻할 때 넣는데 이를 '탑첨(搭甜)'이라 한다.

제조법을 보면 무척 다양한 재료를 사용하고, 만전향을 빚는 사람의 손에서 피가 나올 정도였다고 할 만큼 품이 많이 들어가는 술이다. 참외즙과 연꽃을 사용한 걸 보면 맛이 달면서 강한 향을 냈던 술이었을 거라는 짐작을 해볼 수 있다. 마지막에 보이는 '탑첨(搭甜)'이라는 낱말은 국어사전이나 한자사전에도 나오지 않는다. 탑(搭)은 올라탄다는 뜻이고, 첨(甜)은 맛이 달다는 뜻이다. 그러므로 탑첨(搭甜)은 맛을 달게 한다는 뜻으로 해석하면 될 듯하다. 그래서 궁전에 향이 가득하다는 뜻을 담아 만전향(滿殿香)이라는 이름을 붙이지 않았을까 싶다.

이에 반해 『수운잡방』에서 소개하고 있는 만전향의 제조법은 쌀을 가루 내어 죽을 쑨 다음 누룩과 섞어서 발효시킨다는, 매우 평범한 내용으로 되어 있다. 원나라 때의 술인 만전향에서 이름만 빌려온 듯하다.

경주와 짐주

애주가 중에는 일부러 독한 술만 찾아 마시는 이들이 많다. 독한 술이 오히려 뒤끝이 없고 다음 날 깨끗하게 깨서 좋다고도 한다. 국어사전에서 독한 술을 가리키는 말로 강주(强酒)나 독주(毒酒) 같은 말이 올라 있다. 그런데 특이한 낱말 하나가 더 보인다.

¶경주(勁酒): 독한 술.

풀이가 너무 간략하다. 경(勁)이 '굳세다'의 뜻을 지니고 있어 그렇게 풀이한 모양이다. 하지만 '독한 술'이라는 풀이만으로는 경주(勁酒)가 어떤 술인지 알 길이 없다.

경주(勁酒)는 우리 술이 아니라 중국 전통술이다. 보통 '징주' 혹은 '찡주'라고 발음한다. 중국술 중에서 우리 소주와 비슷하게 가장 대중적인 술은 흔히 '바이주'라고 하는 백주(白酒)다. 경주(勁酒)는 백주와 달리 여러 약재를 넣어서 만든 건강주 내지 보양주에 속한다. 건강주 시장에서 점유율이 무척 높은 술로 알려져 있다.

중국에서 생활한 적이 있던 사람이 경주(勁酒)에 얽힌 일을 소개한 글을 본 적이 있다. 중국 친구들이 건강에 좋다며 이 술을 권해서 마셨는데, 뚜껑을 열자 한약재 냄새가 강하게 나더란다. 무슨 술인지 궁금해서 술병에 적힌 내용을 봤더니 첨가제로 구기자와 음양곽 같은 약재 이름이 적혀 있었다고 한다. 그중에는 마편(馬鞭), 양편(羊鞭), 구편(狗鞭), 여편(驢鞭)처럼 이해하기 어려운 한자로 된 재료명들도 있어 중국 친구들에게 물어보았단다. 그러자 함께 있던 여자들은 얼굴을 붉힌 채 말을 못 하고, 남자들이 웃으며 뜻을 가르쳐주었다고 한다. 알고 보니 이 한자들은 말, 양, 개, 당나귀의 생식기를 가리키는 말이었다는 얘기다.

몇 년 후 가게에 들렀다가 경주(勁酒)를 발견하고 병을 들어 살펴보니, 예전에 보았던 동물 생식기 약재 이름은 빠져 있더라고 했다. 아무래도 사람들에게 거부감을 줄 것 같아 일부러 뺀 게 아닐까 싶다는 게 글쓴이의 판단이었다.

중국술은 도수가 높은 독주가 대부분이다. 그러니 경주(勁酒)를 독한 술이라고만 하는 건 아무런 도움이 안 되는 풀이다. 이번에는 아예 사람을 죽이는 진짜 독주(毒酒)를 소개할까 한다.

¶짐주(鴆酒/酖酒): 짐독(鴆毒)을 섞은 술.

짐독이 어떤 독인지 알아볼 차례다. 표준국어대사전에 친절한 풀이가 나온다.

¶짐독(鴆毒): 짐새의 깃에 있는 맹렬한 독. 또는 그 기운.
¶짐새(鴆새): [동물] 중국 남방 광둥(廣東)에서 사는, 독이 있는 새. 몸의 길이는 21~25cm이며, 몸은 붉은빛을 띤 흑색, 부리는 검은빛을 띤 붉은색, 눈은 검은색이다. 뱀을 잡아먹는데 온몸에 독기가 있어 배설물이나 깃이 잠긴 음식물을 먹으면 즉사한다고 한다. ≒짐(鴆).

짐주는 짐새의 깃털을 넣어 담근 술로, 마시면 그 자리에서 즉사한다는 무서운 술이다. 짐주는 중국 기록에 자주 나온다. 그중 가장 많이 알려진 게 한고조(漢高祖) 유방(劉邦)의 정실부인이었던 여태후(呂太后)와 관련된 이야기다. 여태후의 본명은 여치(呂雉)로 치(雉)는 꿩을 뜻한다. 그래서 여치가 황후 자리에 오른 다음 꿩을 가리킬 때 치(雉) 대신 야계(野鷄)라는 말을 쓰도록 했으며, 이 낱말은 국어사전에 꿩을 가리키는 말로 올라 있다.

유방이 가장 아끼던 측실로 척부인(戚夫人)이 있었다. 유방이 여태후의 아들 대신 척부인의 아들인 유여의(劉如意)를 태자로 삼으려 한 적이 있는데, 이로 인해 여태후는 두 사람에게 극도의 분노와 원한을 품게 되었다. 결국 유방이 죽고 난 다음에 여태후는 척부인의 사지를 자르고 유여의는 짐주를 먹여 독살했다. 여태후가 중국의 3대 악녀로 불리는 이유다.

이 짐독과 짐주를 우리나라로 몰래 들여와 정적 등을 독살하는데 사용했다는 기록들도 있다. 모든 술은 지나치게 마시면 사람의 몸을 해치지만 짐주는 한 번에 사람을 저 세상으로 보내니 정말로 무서운 술이 아닐 수 없다.

보명주

2017년에 조선통신사 기록물이 유네스코 세계문화유산으로 지정되었다. 일본으로 파견하던 조선통신사는 한 번에 약 500명 정도의 규모였으며, 양국의 문화를 주고받는 가교 역할을 했다. 그런 의미를 담아 2002년부터 양국에서 조선통신사 축제를 열고 있기도 하다. 이 조선통신사와 관련한 술 이름이 국어사전에 나온다.

¶보명주(保命酒): 생명을 보전하는 술이라는 뜻으로, 설탕·감초·살이 두꺼운 계피·홍화 따위를 베주머니에 넣고 소주에 5~6일 동안 우려낸 술.

풀이에는 일본이나 조선통신사에 대한 내용이 없다. 그래서 자

칫하면 우리나라 전통주로 오해하기 쉽다. 일본 술이라는 사실을 풀이에 넣어주어야 마땅하다. 여행 작가 이솔이 보명주에 대한 이야기를 담아서 쓴 신문 기사 하나를 보자.

옛 정취가 그대로 남아 있는 도모노우라의 골목은 매력적이다. 좁은 길을 들어서면 타임머신을 타고 돌아간 듯 수백 년 전 거리에 서 있는 느낌이 든다. 어딘지 모르는 골목은 그리움이다. 한적한 골목을 걷다보면 사람들이 하나둘 들락거리는 건물이 있다. 오타케주타쿠, 도모노우라를 대표하는 상인이 살던 집이다. 1991년 일본의 중요문화재로 지정됐다. 이곳에서 도모노우라에서만 볼 수 있는 전통주 호메이슈[保命酒]를 판매한다. 오타케주타쿠는 호메이슈를 저장하는 창고였다. 호메이슈의 역사와 주조 과정도 볼 수 있다. 호메이슈는 16가지 약재를 넣어 만든 술로, 약 350년 전부터 마시기 시작했다.

―『한국경제』, 2018. 5. 7.

도모노우라(鞆の浦)는 조선통신사 일행이 에도(지금의 도쿄)로 가기 전에 들르던 곳이다. 히로시마 현에 속한 항구로 풍광이 매우 뛰어난 곳으로 소문나 있다. 미야자키 하야오의 애니메이션 「벼랑 위의 포뇨」가 이곳 도모노우라를 배경으로 한 작품이다. 도모노우라에 가면 후쿠젠지(福禪寺)라는 절이 있고, 그 안에 있는 다

이초로(對潮樓)라는 누각에 "日東第一形勝(일동제일형승)"이라고 쓴 멋진 글씨가 걸려 있는 걸 볼 수 있다. 이방언이 1711년에 통신사로 이곳에 도착했을 때 눈에 들어온 풍경이 너무 아름다워 "일본 동쪽에서 가장 아름다운 명승"이라고 칭송하며 적어준 글씨다.

도모노우라에서 숙박하는 동안 일본인들이 통신사 일행에게 대접하던 술이 바로 호메이슈, 즉 보명주(保命酒)였다. 생명을 보전해주는 술이라고 하니 이름이 거창하긴 하다. 단맛이 나는 이 술을 매일 조금씩 마시면 신체의 균형을 바로잡아주며 몸을 건강하게 해준다고 한다. 통신사들이 매우 좋아하던 술로, 선물로 받아 조선으로 가져오기도 했다. 화가 최북도 1748년에 통신사 일원으로 이곳에 들렀다고 하는데, 최북의 명성을 들은 일인들의 요청에 따라 많은 그림을 그려주었다고 한다. 술을 좋아하던 최북이 보명주를 마시며 그림을 그리고 있는 모습을 상상해보는 것도 재미있겠다.

차군주

한자로 된 술 이름 중에는 한자만 가지고는 무슨 술인지 이해하기 힘든 경우가 많다. 다음에 소개하는 술 이름이 그렇다.

¶차군주(此君酒): 멥쌀로 빚은 술. =멥쌀술.

차군(此君)이라는 말과 풀이에 나온 멥쌀이 도무지 연결되지 않는다. 차군(此君)을 국어사전에서 찾으면 다음과 같은 풀이가 나온다.

¶차군(此君): 이 사람 또는 이분이라는 뜻으로, '대나무'를 예스럽게 이르는 말. 중국 진나라의 왕휘지가 대나무를 가리켜 "어찌

하루라도 이 임 없이 살 수 있겠는가"라고 한 데서 유래한다.

그 외에 다른 뜻을 가진 차군(此君)이라는 말은 없다. 차군이 대나무를 가리키는 말이라면 차군주는 대나무술이라고 해야 자연스러울 텐데, 차군주는 대나무와 아무런 관련이 없고, 혹시 중국술인가 해서 중국 사전을 찾아봐도 차군주(此君酒)는 보이지 않는다.

그러다가 찾아낸 게 일본 술 종류 중에 此君(시쿤, しくん)이라는 게 있다는 걸 알게 됐다. 다카다 주조(高田酒造)에서 생산, 판매하는 대표적인 술이다. 다카다 주조는 돗토리현(鳥取縣)의 구라요시(倉吉) 시에 있으며, 1843년에 지어진 양조장 안채는 현재 돗토리현의 보호문화재로 지정되어 있다. 실제 창업은 1868년에 했다고 되어 있으니 그전부터 술을 빚어온 셈이다. 유구한 역사를 자랑하는 주조 회사라고 하겠다.

사케, 즉 청주에 해당하는 차군(此君)은 순미(純米)를 원료로 하며 원주를 걸러내지 않은 무여과(無濾過) 술이라고 선전하고 있다. 쌀을 원료로 한다는 점에서 국어사전 뜻풀이에 나온 멥쌀과 통하고 있다. 술 이름을 차군(此君)으로 붙인 건 창업주가 중국에서 대나무 잎에 맺힌 이슬이 좋은 술로 변했다는 고사를 보고 그렇게 지었다는 설이 있다. 차군이 특별한 술의 종류를 가리키는 게 아니라 주조 회사가 내세운 브랜드명임을 알 수 있다.

맑은술인 청주를 한때 정종(正宗)이라고 부르던 시절이 있었다.

그러다 정종(正宗)이 일본에서 생산 판매하는 청주의 상표 이름이라는 사실이 알려지면서 요즘은 정종 대신 청주라는 말을 폭넓게 사용하고 있다. 지금은 국어사전에서도 그런 사실을 명확히 밝히고 있다.

¶정종(正宗): 일본식으로 빚어 만든 맑은술. 일본 상품명이다.

술 이름에 대한 궁금증은 풀렸으되, 차군주(此君酒)라는 술 이름을 국어사전에 올리게 된 경위에 대한 궁금증은 여전히 풀리지 않는다. 일본에서는 그냥 차군(此君)이라는 상표명만 쓸 뿐 따로 차군주(此君酒)라는 말은 쓰지 않는다. 가령 우리가 '진로'라고 할 뿐 '진로주'라는 말을 쓰지 않는 것처럼. 그러니 정 국어사전에 올릴 거면 '차군주' 대신 '차군'을 올리고 쌀로 빚은 일본 청주 이름이라고 풀이를 해주었어야 한다.

노나라의 맛없는 술

술에는 도수가 높은 술과 낮은 술이 있다. 독한 술을 좋아하는 사람이 있고, 약한 술을 좋아하는 사람이 있기 마련이다. 표준국어대사전에 약한 술을 뜻하는 노주(魯酒)라는 이름의 술이 등장한다.

¶노주(魯酒): 약하고 부드러운 술.

노주에 쓰인 '노(魯)'는 '노나라 노'이다. 노나라의 술이 왜 약하고 부드러운 술을 뜻하게 되었을까? 까닭 없이 생긴 이름은 없는 법이니, 출처를 찾아봐야 한다.

중국 고전 『장자(莊子)』 거협(胠篋) 편에 "魯酒薄而邯鄲圍(노주박이한단위)"라는 구절이 나온다. 해석을 하면, 노나라 술이 싱거워서 한단(邯鄲)이 포위되었다는 뜻이다. 한단은 전국 시대 조(趙)나라의 도읍이었다. 노나라 술이 싱거운 것과 한단이 포위된 것 사이에 무슨 관계가 있는 걸까?

이 일과 관련해서 두 가지 이야기가 전한다.

첫 번째 이야기는 이렇다. 초나라 왕이 제후들을 만날 때, 노나라 공공(恭公)이 늦게 도착한 데다 선물로 가져온 술마저 싱거웠다. 초나라 왕이 화를 냈으나 공공은 오히려 반발을 하며 그냥 돌아갔다. 화가 난 선왕이 제(齊)나라와 함께 군대를 끌고 노나라를 치려고 했다. 이때 위나라 양혜왕은 늘 조(趙)나라를 치고 싶어 했으나 초나라가 조나라를 지원할까봐 결단을 내리지 못하고 있었다. 그러던 중 마침 초나라가 노나라를 공격하느라 군대를 그쪽으로 빼는 바람에 마음 놓고 조나라의 도읍인 한단을 공격할 수 있었다.

다른 이야기는 이렇다. 초나라 선왕이 제후들을 만날 때, 노나라와 조나라가 초나라 왕에게 술을 선물로 가져왔다. 노나라 술은 싱겁고 조나라 술은 맛이 진했는데, 미리 맛을 본 초나라 관리가 조나라 사신에게 자신에게도 술을 줄 것을 요구했다. 하지만 조나라 사신이 부탁을 거절했고, 화가 난 관리는 조나라 술과 노나라 술을 바꿔치기해서 왕에게 바쳤다. 술맛을 본 왕은 조나라의 술이 싱겁다며 화가 나서 조나라를 공격했다.

이로부터 아무런 상관이 없을 것 같은 일이 다른 일에 큰 영향을 미친다는 뜻으로 장자가 말한 고사를 인용해서 쓰기 시작했고, 노주는 싱거운 술의 대명사가 되었다.

노주는 이백의 시에도 등장한다. 이백이 같은 시대를 살았던 두보에게 바치는 시 「사구성하기두보(沙丘城下寄杜甫)」라는 제목의 작품이다. 사구성 아래서 두보에게 부친다는 뜻이다. 노주가 나오는 시의 한 부분만 인용하면 이렇다.

魯酒不可醉(노주불가취) 齊歌空復情(제가공부정)

노주는 마셔도 취하지 않고, 제나라 노래는 공연히 옛 정만 불러오네.

술을 마시며 두보를 그리워하는 이백의 심정이 잘 드러나 있는 시이다. 위 고사에서는 노주가 맛없는 술이라고 했지만, 이백의 다른 시에도 노주가 등장하는 것으로 보아 아주 형편없는 술은 아니었던 모양이다. 고급술은 아닐지 몰라도 대중주 정도는 되었다고나 할까. 지금도 중국에서는 노주를 생산해서 판매하고 있다.

요즘 도수를 낮춘 순한 소주가 많이 나오는데, 옛날 중국의 노주를 닮아가는 건지도 모르겠다는 엉뚱한 생각도 해보았다.

아이에게 숟가락으로 떠먹이는 술

술이라고 하면 당연히 잔에 따라서 마시는 걸로 생각하지 숟가락으로 떠서 먹는다는 생각은 하지 않는다. 하지만 전통주 중에 요구르트처럼 만들어 숟가락으로 떠서 먹는 술이 있었다. 어떤 술일까?

¶이화주(梨花酒): 1. 배꽃을 넣어 빚은 술. ≒배꽃술, 백설향, 백운향. 2. 배꽃이 핀 뒤에 담근 술. ≒배꽃술, 백운향.

이화주가 바로 숟가락으로 떠먹는 술인데, 국어사전의 풀이에는 그런 내용이 나오지 않는다. 더구나 첫 번째 풀이에 나오는 술은 없으며, 두 번째 풀이에 나오는 '배꽃이 핀 뒤에'라는 말은 '배꽃이 필 무렵'이라고 해야 한다.

이화주는 고려 시대부터 빚었던 술로 알려져 있으며 꽤 많은 문헌에 기록이 남아 있다. 기록에 따라 주조 방법이 조금씩 다르긴 하지만 크게 나누면 배꽃이 필 무렵에 누룩을 빚는다는 기록과 그 무렵에 직접 술을 빚는다는 기록으로 나뉜다.

이화주는 서민 술이라기보다는 양반처럼 부유한 집안에서 주로 빚어서 먹던 고급술이다. 이화곡이라는 누룩을 사용하는데, 이 누룩을 쌀로 만들다 보니 가난한 서민들은 엄두를 내지 못했기 때문이다. 물을 전혀 넣지 않고 빚으며, 발효가 끝나면 요구르트처럼 걸쭉한 죽이 된다. 빛깔이 옅은 미색이나 흰색을 띠어서 위 낱말 풀이에 나오는 것처럼 백설향(白雪香)이나 백운향(白雲香)이라는 멋스러운 이름으로 불리기도 한다. 죽처럼 만든 술이기 때문에 숟가락으로 떠서 먹으며, 더운 여름에 갈증이 나면 찬물에 타서 막걸리처럼 마시기도 한다.

이화주는 술의 종류로 치면 탁주에 해당하는데, 도수가 낮아 노인과 갓 젖을 뗀 어린아이에게 간식처럼 먹이기도 했다. 아기에게 먹였다고 하니 이화주가 일종의 이유식 역할도 했던 셈이다. 몇몇 양반 가문에 이화주 주조법이 전승되고 있다는데, 그들의 말에 따르면 예전에 딸이 친정에 왔다 돌아갈 때면 이화주를 사돈댁에 선물로 보냈다고도 한다.

이화주를 맛보고 싶은 이들이 있다면 〈전통주조 예술〉이라는 주조 회사에서 '배꽃 필 무렵'이라는 상표로 만들어 시판하고 있다는 사실을 덧붙인다. 홍보 문구에는 식사 전에 식욕을 돋우기 위한 애피타이저나 식사 후의 디저트로 활용할 것을 권하고 있으며, 약간의 레몬즙과 소금, 후추를 섞어 소스로도 활용할 수 있다고 한다.

¶감향주(甘香酒): 단맛이 나고 향기가 있는 약재를 넣어 만든 술.

풀이에는 없지만 감향주 역시 숟가락으로 떠먹는 술이다. 감향주에 대한 기사 하나를 보자.

경북 영양군은 걸쭉해서 작은 수저로 떠먹는 전통주인 감향주(甘香酒)를 선보이고 있다. 이 술은 조선 시대 석계 이시명의 정부인 장계향(1598~1680)이 쓴 최초의 한글 조리서인 『음식디미방』에 제조법 등이 기록돼 있다. '좋은 음식 맛을 내는 방문(方文)'이라는 뜻을 담은 이 조리서에는 감향주는 멥쌀, 누룩가루, 찹쌀, 물로 제조하며 알코올 도수는 14도 정도다.
—『문화일보』, 2015. 2. 16.

국어사전에는 이름을 올리지 못했지만 이화주와 비슷한 술이 하나 더 있다. 제주 토속주인 강술이 주인공이다. 강술은 추수가 끝난 상강 이후에 밀과 차조를 이용해 빚는다. 강술 역시 물을 사용하지 않으며, 발효 기간이 넉 달 정도로 매우 길다. 제주 농민들이

들일을 나갈 때 반죽처럼 만든 강술을 양하 잎에 싸 간 다음 새참을 먹을 때 물에 타서 마셨다고 한다. 양하(蘘荷)는 제주도와 전라도 지역에서 자라는 식물로 생강과에 속하는 여러해살이풀이다. 생강과 샐러리를 섞어 놓은 듯한 맛을 낸다고 하는데, 떡을 찔 때 밑에 깔면 독특한 향이 밴다고 한다. 제주 말로는 흔히 양애라고 부르며, 나물로 무쳐 제사상에 올리기도 했다

강술은 이화주와 다르게 도수가 매우 높은 술이다. 센 술이라는 뜻을 담아서 강술이라고 했을 거라는 설이 있다.

정체가 수상한 술

국어사전이 만능일 수는 없다. 사전도 사람이 만드는 것이므로 잘못이나 실수를 범할 수 있다는 걸 모르지 않는다. 그럼에도 어처구니없는 상황을 맞닥뜨리면 허탈한 느낌이 들곤 한다. 다음 낱말들을 보자.

¶백과주(百果酒): 온갖 과일의 즙을 소주에 타서 빚은 술.

이런 술이 정말 있을까? 과실주는 대개 한 가지 과일만 사용해서 담근다. 약용주를 빚을 때 과일 외에 다른 약재 같은 걸 넣기도 하지만 과일 고유의 향을 위해 다른 과일은 섞지 않는 게 일반적이다. 꽃은 과일과 달라서 여러 가지 꽃잎을 넣어서 담그는 백화주(百花

酒)가 존재한다. 하지만 온갖 과일의 즙을 소주에 타서 빚는 백과주(百果酒)라는 건 없다. 조금만 생각해보아도 온갖 과일을 한꺼번에 통 안에 집어넣는 것도 아니고 일일이 즙을 내서 소주에 탄다는 게 가능하겠는가?

그렇다면 어떻게 된 걸까? 백과주(百果酒)가 없는 대신 백과주(白果酒)가 있다. 백과(白果)는 은행나무의 열매를 뜻하는 한자어다. 은행주(銀杏酒)를 달리 백과주(白果酒)라고 하는데, 여기서 착오를 일으킨 게 분명하다. '白'이 아닌 '百'을 잘못 가져오다 보니 거기에 맞추어 억지로 풀이를 만들어냈다고 보아야 한다. 중국에서는 백과주(白果酒)를 제조해서 판매하기도 하고, 우리도 가정에서 은행알을 소주에 담아 은행주를 만들어 먹는다. 하지만 은행주나 은행술이라는 말은 국어사전에 없다.

¶버찌소주(--燒酒): 버찌즙을 탄 소주.

이 풀이도 틀렸다. 버찌즙을 소주에 타서 마시지 못할 건 없지만 그런 식으로 술을 만들어 마시는 사람은 없다. 버찌 열매에 소주를 부어서 밀봉했다가 마시는 술이다. 버찌소주라는 말도 어색하다. 버찌술이나 버찌주라고 하는 게 통상적인 말법에 맞는다. 소주에 인삼을 넣으면 인삼주, 오미자를 넣으면 오미자주, 다래를 넣으면 다래주라고 하듯이. 근자에 레몬소주나 체리소주라는 게 나오지만 그런 것들은 레몬이나 체리의 향을 섞어서 화학 공법으로 만든 술이므로 버찌술과는 제조 방법 자체가 다르다. 외국 술 중에 버찌를 이용한 것들로 아래 낱말들이 국어사전에 나온다.

¶키르슈(독일어, Kirsch): 버찌를 증류한 과일 브랜디. 무색이고 향기가 강하며, 알코올 농도는 45%이다.

¶마라스키노(maraschino): 혼성주의 하나. 크로아티아의 달마티아에서 나는 마라스카(marasca) 버찌를 원료로 하여 알코올과 설탕을 섞어서 증류한 것이다.

¶체리브랜디(cherry brandy): 포도로 만든 브랜디에 설탕과 버찌를 넣어 만든 술. 검붉은 빛에 감미로우며 아몬드와 같은 독특한 향기가 난다. 알코올 성분은 약 45%이다.

백자주라는 이름을 가진 술 이름 두 개가 국어사전에 나온다.

¶백자주(柏子酒): 잣기름을 술밥을 만드는 멥쌀에 섞어 쪄서 술을 담글 때 밑에 깔았다가 떠낸 술.

¶백자주(百子酒): 전통 특주의 하나. 소주 50근, 찹쌀술 10근에 구기자, 용안육, 행인, 백청을 각각 한 근씩 한데 넣어서 담갔다가 3주일 후에 먹는다.

앞에 나온 백자주(柏子酒)는 고려 시대부터 빚어 마시던 술로 여러 문헌에 기록되어 있으므로 우리 전통술이 맞다. 다만 풀이에 나오는 '잣기름'이라는 말에는 동의하기 어렵다. 문헌마다 빚는 법이 조금씩 다르지만 크게 잣가루를 끓여서 그 물을 사용하는 방법, 잣을 가루 내어 누룩이나 쌀과 섞는 방법, 잣을 자루에 담아 술독 밑에 넣어 술밑을 안치는 방법 등이 있다.

그보다 문제가 되는 건 백자주(百子酒)라는 술 이름이다. 풀이에 '전통 특주'라고 했으나 우리 옛 문헌에 백자주(柏子酒)가 아닌 백자주(百子酒)는 보이지 않는다. 반면 중국 문헌에는 나온다. 풀이에 나온 재료 중 용안육이라는 게 있다. 어떤 걸까?

¶용안육(龍眼肉): [한의] 용안의 열매를 한방에서 이르는 말. 심신불안, 건망증, 불면증 따위에 쓴다.

¶용안(龍眼): [식물] 무환자나뭇과의 상록 교목. 높이는 13미터 정도이며, 잎은 어긋나고 두껍고 긴 타원형이다. 4월에 황백색 꽃이 잎겨드랑이 또는 가지 끝에 원추(圓錐) 화서로 피고 열매는 둥근 모양으로 7~8월에 익는데 강모(剛毛)가 많으며 씨에 붙은 용안육은 맛이 달아 식용하고 약용하기도 한다. 인도가 원산지로 동남아시아, 열대 아메리카에 분포한다. ≒여지노·원안(圓眼).

용안이라는 나무의 원산지와 분포지를 보면 우리나라는 포함되지 않는다. 당연히 약재로 수입해서 사용하기는 했겠지만 흔히 구할 수 있는 재료가 아니었다. 그러므로 용안육을 사용한 백자주(百子酒)를 우리 술로 보기도 어렵거니와 '전통 특주'라고 하는 건 어불성설이다. 잣을 이용한 백자주(柏子酒) 풀이에 들어갔다면 이해할 수 있는 일이다.

용안육을 사용한 술 이름들이 더 있는데 하나씩 살펴보자.

¶감로주(甘露酒): 소주에 용안육, 대추, 포도, 살구씨, 구기자, 두충, 숙지황 따위를 넣어 만든 술.

감로(甘露)라는 말이 달콤한 이슬이라는 뜻의 보통명사로 쓰이고 있으므로 누구나 자신이 빚은 술에 감로주(甘露酒)라는 이름을 붙일 수는 있다. 현재 강원도 평창에서 전통 민속주라며 '계촌 감로주'라는 상표를 붙여 판매하고 있다. 이 술은 막걸리로서 사전의 풀이와는 다른 술이다. 사전에 나온 감로주는 중국 청나라 사람 이문병(李文炳)이 편찬한 『선점집(仙拈集)』에 주조법이 나와 있는데, 국어사전의 풀이와 똑같다.

¶이선주(二仙酒): 소주에 용안육(龍眼肉), 계피(桂皮), 꿀 따위를 넣어 오래 우린 술.

이 술도 우리 술이라고 보기 어렵다. 우리 문헌에서는 찾기 어렵고 중국 문헌에 이선연수주(二仙延壽酒)라는 게 보인다. 연수(延壽)는 수명을 늘린다는 뜻이다. 명나라 사람 공정현(龔廷賢)이 1615년에 펴낸 『수세보원(壽世保元)』에 나오는데, 사용되는 재료는 다음과 같다.

계화(桂花) 150g, 백사당(白沙糖) 300g, 소주(燒酒) 1단지, 껍질을 제거한 용안(龍眼) 300g.

계피(桂皮)와 계화(桂花)의 차이가 보이긴 하지만 동일한 재료로 빚는 술임은 분명하다.

¶용안주(龍眼酒): 용안의 열매로 담근 술.
¶계원주(桂圓酒): 계피와 용안(龍眼)의 열매를 같은 양으로 주머니에 넣고 그것을 소주에 5일 내지 6일 동안 담가 우려낸 술. 약용한다.
¶계화주(桂花酒): 계수나무의 꽃으로 빚은 술.

용안주는 덧붙일 것도 없이 중국에서 빚어 마시던 술이며, 계원주와 계화주도 마찬가지다. 다만 지금은 경남 일부 지역에서 용안(龍眼)을 재배하고 있으므로 용안육을 사용해 술을 빚어 마시는 게 어려운 일은 아니다. 중국 사람들의 술 빚던 방식을 들여오고 용안육도 구해서 우리도 같은 술을 빚었을 수는 있다. 하지만 원조가 어디인지는 분명히 밝힐 필요가 있다.

이선주와 함께 오선주라는 술 이름이 국어사전에 있으며, 비슷한 이름의 오정주도 있다.

¶오선주(五仙酒): 오가피, 개나리, 쇠무릎, 삽주, 소나무의 마디를 함께 넣어 빚은 술.

¶오정주(五精酒): 솔잎, 구기자, 천문동(天門冬), 백출(白朮), 황정(黃精)으로 빚어 만든 술.

황정(黃精)은 죽대의 뿌리를 한방에서 이르는 말로, 위 두 술의 재료는 모두 우리나라에서 구할 수 있는 것들이다. 그러므로 오선주나 오정주는 우리 전통 약술로 보아도 무방하다.

꺼림칙한 술 이름이 또 있다.

¶상피주(桑皮酒): 뽕나무의 속껍질로 담근 술.

상피주 역시 문헌에서 찾아보기 힘들다. 중국 자료를 찾으니 상근백피주(桑根白皮酒) 혹은 상백피주(桑白皮酒)라는 말이 보인다. 뽕나무 속껍질이 아니라 뽕나무 뿌리의 속껍질을 이용한 술이다.

¶상백피(桑白皮): [한의] 뽕나무 뿌리의 속껍질을 한방에서 이르는 말. 폐열(肺熱)로 인한 기침과 소변이 잘 통하지 않는 데에 쓴다. ≒상근 백피.

상백피(桑白皮)를 줄여서 상피(桑皮)라고 하는 경우는 있으나 상피주(桑皮酒)라는 말은 안 쓴다. 술 이름도 풀이도 모두 어긋났다. 최근에는 우리나라에서도 직접 상근백피주(桑根白皮酒)를 만들어 마시는 사람들이 있다고 한다.

뽕 이야기가 나왔으니 뽕 열매를 이용한 술 이름 하나 더 보자.

¶상심주(桑椹酒): 오디를 말려 볶아서 헝겊으로 짜낸 물에 포도주, 설탕, 계피를 섞어 넣고 1주일쯤 두어 익힌 술. ≒상실주, 오디술.

표준국어대사전의 풀이인데, 상심(桑椹)은 뽕나무 열매인 오디를 말한다. 그래서 상심주(桑椹酒)를 상실주(桑實酒) 혹은 오디술이라고도 한다. 문제는 풀이에 나오는 "오디를 말려 볶아서 헝겊으로 짜낸 물"이라는 표현이다. 볶은 걸 짜내서 물을 만든다고 했는데, 그런 신통력을 발휘할 수 있는 사람이 어디에 있을까? 고려대 한국어대사전에서는 이렇게 풀이하고 있다.

¶상심주(桑椹酒): 오디를 말려 볶은 후, 포도주와 설탕과 계피를 넣고 일주일쯤 익힌 술.

짜낸다는 말은 없지만 말려서 볶는다는 말은 똑같이 실렸다. 하지만 어느 문헌에도 말려서 볶는다는 말은 없고 즙을 내어 이용한다고 했다. 상심주를 복원했다는 기사를 보자.

국순당이 열 번째로 복원한 상심주는 증류식 소주를 빚은 다음, 오디즙을 우려내 3개월 간 숙성시킨 혼성주다.

옛 문헌에 따르면 상심주는 "오장을 보하고, 눈과 귀를 밝게 하며, 수종을 치료하는 효과가 있다"(『본초강목』), "관절을 부드럽게 하고, 귀와 눈을 밝게 하면서 정신을 안정시켜 준다"(『동의보감』)고 명시되었을 정도로 조선 시대 약용주로 손꼽히는 술이다.

—『연합뉴스』, 2009. 10. 26.

국어사전에서는 포도주를 이용한다고 했지만 이 기사에는 소주를 이용한다고 했다. 소주와 같은 독주가 아니라 포도주로 과일주를 담근다는 얘기를 들어본 사람이 있을까? 상식적으로 생각해봐도 이치에 맞지 않는 일이다.

국어사전에 오른 이상한 술 이름 하나 더 소개한다.

¶기나주(幾那酒): 기나나무 껍질과 귤껍질 팅크, 설탕 따위를 섞어 만든 술. 붉은 갈색으로 쓴맛이 나며 향기가 있고, 건위제와 강장제로 쓰인다.

표준국어대사전에만 나오는 술 이름인데, 기나나무라는 나무 이름도 특이하고 팅크라는 외래어를 쓴 것도 마음에 걸린다. 기나나무와 팅크가 국어사전에 나온다.

¶기나나무(幾那--): [식물] 꼭두서닛과의 상록 교목. 높이는 25미터 정도이며, 잎은 마주난다. 7월에 연분홍 꽃이 원추(圓錐) 화서로 피고 열매는 길쭉한 삭과(蒴果)를 맺는다. 나무껍질은 말라리아 치료제, 건위제, 강장제 따위의 약재로 쓴다. 볼리비아가 원산지로 자바섬, 스리랑카 등지에서 재배한다.

¶팅크(tincture): [약학] 동식물에서 얻은 약물이나 화학 물질을, 에탄올 또는 에탄올과 정제수의 혼합액으로 흘러나오게 하여 만든 액제(液劑). 요오드팅크, 캠퍼팅크 따위가 있다. ≒정기·팅크처.

기나나무 껍질에서 채취하는 약재가 키니네(네덜란드어, kinine)다. 기나나무와 팅크만 보아도 우리 술이 아님은 자명하다. 그렇다면 어느 나라에서 만들어 마시는 술인지 밝혀주었어야 한다.

기나주라는 말은 아무리 추적해도 보이지 않고 기나피주라는 말이 간혹 보인다. 기나주 풀이에서 기나나무 껍질을 이용한다고 했으므로 기나피주라는 말이 더 적합하다. 상백피주에서도 피(皮)를 빼고 상피주라고 하더니 기나주도 똑같이 피(皮)자를 기피하는 모습을 보이고 있다. 낱말이 길어서 줄이려고 그랬는지는 모르겠지만, 왜 통용되는 말을 버리고 편찬자 마음대로 말을 줄여서 국어사전에 싣는지 모르겠다. 영국 소설가 윌리엄 샌섬(William Sansom, 1912~1976)의 단편소설 「기나피주 잔을 통하여(Through the Quinquina Glass)」가 번역되어 소개된 적이 있다. 여기서 아마 기나피주라는 말이 퍼져나간 게 아닌가 싶다.

더 심한 낱말 하나를 마지막으로 소개한다.

¶철주(鐵酒): 구연산 철 암모늄을 백포도주로 녹여 여과한 누런 갈색의 맑은술. 강장제로 쓴다.

아무리 술 종류가 많다지만 이 술 이름은 너무 낯설다. 술을 빚는 데 철을 이용한다니 선뜻 믿어지지 않는다. 철주(鐵酒)는 중국 송나라 휘종(徽宗) 때 그전까지 나온 모든 의학 서적에 있는 내용을 망라하여 200권으로 편찬한 『성제총록(聖濟總錄)』에 나온다. 쇠붙이를 불에 달군 다음 백주(白酒)에 넣었다 꺼내는 방식으로 만든다. 고대 중국에서는 철을 약재로 이용한 경우가 많다. 무쇠를 우려낸 물을 뜻하는 철액(鐵液) 혹은 철장(鐵漿)을 약으로 썼다는 얘기가 『동의보감』에도 나온다.

철주(鐵酒)가 옛날 중국에서 약으로 쓰던 술이라면 국어사전 풀이에 나오는 백포도주라는 말은 어떻게 된 걸까? 나의 추론은 이렇다. 한자어 白酒(백주)를 구글 번역기에 넣고 돌리면 'white wine'으로 나온다. 기가 막힐 노릇이긴 하지만 내 추론이 맞을 거라고 생각한다. 강장제로 쓴다고 했는데, 『성제총록』에는 이롱(耳聾) 즉 귀가 먹어 들리지 않을 때 쓴다고 했다.

놀랐을 때는 술을 먹여라

흥분했을 때 담배를 피우면 흥분이 가라앉는다는 말을 많이 한다. 애연가인 나도 그런 경험을 해봤기에 고개를 끄덕이곤 했다. 그렇다면 놀랐을 때는 어떻게 하면 좋을까? 국어사전에 다음과 같은 낱말이 있다.

¶압경(壓驚): 놀란 마음을 진정시킴. 흔히 술을 마시게 한다.

놀랐을 때 술을 마시면 정말로 진정이 될까? 이어서 나오는 낱말을 보자.

¶압경주(壓驚酒): 놀란 마음을 진정시키기 위하여 마시는 술.

지금이야 놀랐을 때 술을 마시게 하면 된다는 식의 이야기를 할 사람은 없겠지만 옛날에는 그렇게 믿고 실제로 그랬던 모양이다. 『삼국지』를 보면 그런 이야기가 더러 나온다.

孔明令釋其縛 與衣穿了 賜酒壓驚(공명영석기박 여의천료 사주압경)

공명이 명하여 포박을 풀게 하고 옷을 입힌 다음 술을 주어 놀란 마음을 진정시켰다.

『삼국지』 원문의 한 대목인데, 제갈공명이 사로잡은 유현(劉賢)에게 놀란 마음을 가라앉히라며 술을 주는 장면이다. 이보다 더 유명한 장면도 있다.

孔明大笑 左右去其縛 賜酒壓驚(공명대소 좌우거기박 사주압경)

공명이 웃으며 좌우의 결박을 풀게 하고 술을 주어 놀란 마음을 진정시켰다.

이 장면에 등장하는 인물은 맹획(孟獲)이다. 맹획은 유명한 고사

칠종칠금(七縱七擒)의 주인공이다.

¶칠종칠금(七縱七擒): 마음대로 잡았다 놓아주었다 함을 이르는 말. 중국 촉나라의 제갈량이 맹획(孟獲)을 일곱 번이나 사로잡았다가 일곱 번 놓아주었다는 데서 유래한다. ≒칠금.

이와 같은 처방이 제법 효과가 있었던 모양이다. 그래서 우리 옛 기록에도 비슷한 내용들이 보이는데, 조선왕조실록에도 압경지주(壓驚之酒)라는 말이 나온다. 아래는 이항복(李恒福)이 이순신 장군의 생애를 기리기 위해 쓴 「고통제사이공유사(故統制使李公遺事)」의 한 대목이다.

友人宣居怡懼不免(우인선거이구불면) 執手流涕(집수류체) 勸酒壓驚(권주압경) 公正色曰(공정색왈) 死生有命(사생유명) 飮酒何爲(음주하위)

친구 선거이가 공이 죄를 면하지 못할 것을 두려워하여 손을 잡고 눈물 흘리며 술을 권해 놀란 마음을 진정시키려 하니, 공이 정색하고 말하기를, "죽고 사는 것은 천명에 달린 것이니 술은 무엇하러 마시겠는가" 하였다.

임진왜란 전에 이순신이 두만강 하류의 녹둔도(鹿屯島)에 둔전 (변경이나 군사 요지에 주둔한 군대의 군량을 마련하기 위하여 설치한 토지)을 마련하는 직책을 맡았을 당시의 일이다. 이순신이 병력이 적어 늘려달라고 했으나 거절당했다. 그러다 적이 침범하여 크게 피해를 당했다. 그 일로 상관이 이순신을 잡아들여 문초하려 할 때 친구인 선거이가 이순신에게 놀란 마음을 진정시키려 술을 권하자 물리쳤다는 내용이다. 이순신의 의연함을 엿볼 수 있는 장면이라 하겠다.

술이 놀란 마음을 진정시키는 데 효과가 있는지는 의학적인 지식이 없어 모르겠으나, 옛날에는 압경주가 흔히 쓰였음을 알 수 있다. 이렇듯 술의 용도가 다양한 까닭에 다음과 같은 별칭들까지 얻은 게 아닌가 싶다.

¶백약지장(百藥之長): '술'을 달리 이르는 말. 온갖 뛰어난 약 가운데서 가장 으뜸이라는 뜻으로『한서(漢書)』하편에서 나온 말이다.

¶천지미록(天之美祿): 하늘에서 내려준 좋은 녹(祿)이라는 뜻으로, '술'을 아름답게 이르는 말.

풀이에는 나와 있지 않지만 천지미록(天之美祿) 역시『한서(漢書)』에 나오는 말이다.

튤립으로 빚은 술?

아마 튤립꽃을 좋아하는 사람이 많을 것이다. 꽃이 예뻐서 튤립 축제를 여는 지역도 여러 곳이다. 그런 튤립을 넣어서 만든 술이 있다는데, 술꾼이라면 생각만 해도 마음이 설렐지 모르겠다. 국어사전에 나오는 울창주(鬱鬯酒)라는 이름의 술이 튤립을 사용한단다. 줄여서 울창(鬱鬯) 혹은 울창술(鬱鬯-)이라고도 한다.

¶울창주(鬱鬯酒): 튤립을 넣어서 빚은, 향기 나는 술. 제사의 강신(降神)에 쓴다.

튤립은 서양말이다. 그런데 "제사의 강신(降神)에 쓴다"라는 풀이를 보니 요즘 술은 아닌 게 분명하다. 그런데 왜 울창주를 설명하면서 튤립을 끌어들였을까? 납득하기 힘든 풀이라는 생각이 든다. 일단 국어사전에 실린 튤립부터 알아보자.

¶튤립(tulip): [식물] 백합과 튤립속의 여러해살이풀을 이르는 말. 높이는 20~60cm이며 잎은 어긋나고 넓은 피침 모양이다. 4~5월에 종 모양의 흰색, 노란색, 자주색의 겹꽃이 핀다. 꽃은 술을 빚는 데 쓰기도 한다. 관상용이고 동남 유럽과 소아시아가 원산지이다. ≒양수선·욱금향·울금향·울초(鬱草)·창초(鬯草).

맨 뒤에 실린 유의어들을 통해 이유를 짐작할 수 있다. 울창주라는 말과 울초, 창초를 대입해보면 왜 튤립을 끌어들였는지 알 수 있다. 하지만 울창주를 담그는 방법을 탐구하다 보면 문제가 그리 간단하지 않다는 걸 알게 된다.

중국 주(周)나라 때의 관제(官制)를 기록한 『주례(周禮)』에 따르면 춘관(春官)에 속한 관헌으로 울인(鬱人)과 창인(鬯人)이 있었다. 창인이 기장[秬]으로 창주(鬯酒)를 만들면 제사 때에 울인이 울금초(鬱金草)를 삶아 창주에 섞어서 울창주를 만든다. 울금초는 국어사전에 나오지 않지만 울금향과 같은 말이다. 말하자면 울창주는 2단계를 거쳐서 만든 술이라는 말이 되므로, 기장과 울금향을 사용해서 빚은 술이라고 풀이해주어야 오해하지 않을 수 있다. 더구나 요즘 우리가 보는 튤립은 관상을 위한 원예 식물로, 개량종만 4,000종이 넘을 정도다. 그러니 지금의 튤립과 그 옛날 울금향이 같은 것이라고 하기에는(비록 같은 계통의 식물이라 해도) 적잖은 차이가 있을 수밖에 없다.

중국에서 울창주는 오직 종묘 제향에서만 사용했다. 일반 백성이 담가서 먹는 술이 아니었다는 얘기로, 제향을 지낼 때 땅에 부어 선왕의 혼백을 부르는 용도로 사용했다. 그만큼 신성한 술이었으며, 종묘 제향 때 울창주를 올리는 법식은 우리나라에도 전해져 같은 방식으로 시행되었다. 이때 울창주는 누가 올렸을까? 국어사전에 다음과 같은 낱말이 나온다.

¶주창(主鬯): [역사] '황태자'를 달리 이르던 말. 종묘(宗廟)에서 제사를 지낼 때 울창주를 올린다고 하여 이렇게 이른다.

이 낱말의 풀이도 이상하다. 황태자라면 황제의 뒤를 이을 사람이다. 하지만 우리나라는 대한제국 이전까지 황제국이 아니었으므로 황태자라는 말을 쓰지 못했다. 따라서 중국에서는 황태자, 우리나라에서는 왕세자를 이른다고 해주어야 한다.

튤립과 관련해서 한 가지만 더 짚기로 한다. 국어사전에 튤립나무가 표제어로 올라 있다.

¶튤립나무(tulip나무): [식물] 목련과의 낙엽 활엽 교목. 높이는

45미터 정도로 추위에 잘 견디며, 잎은 버즘나무의 잎과 비슷하다. 400~500년간 산다. 5~6월에 녹색을 띤 노란색 꽃이 튤립꽃 모양으로 가지 끝에 피고, 열매는 골돌과(蓇葖果)로 10월에 익는다. 관상용으로 주로 가로수로 심으며, 목재는 건축재, 가구재로 쓴다. 원산지는 북아메리카이다.(Liriodendron tulipifera)

튤립나무를 다른 말로 백합나무라고도 부른다. 하지만 튤립나무의 풀이에 유의어로 백합나무를 제시하지 않고 있으며 별도 표제어로 삼지도 않았다. 백합나무라는 이름은 학명 앞부분 Liriodendron에서 Lily(백합)를 따왔으며, 튤립나무라는 이름은 뒷부분 tulipifera에서 따왔다. 〈국립수목원 국가생물종 지식정보〉에서는 백합나무(튤립나무), 〈국립생물자원관 생물다양성 정보〉에서는 튜울립나무(튤립나무, 백합나무)로 소개하고 있다. 이렇듯 두 이름이 엇비슷하게 쓰이고 있는데, 그렇다면 국어사전 표제어에도 두 이름을 함께 올리는 게 나았을 거라는 생각이 든다. 아무래도 국어사전 편찬자들이 튤립을 너무 사랑해서 그런 게 아닌가 하는 엉뚱한 생각도 해보았다.

동물의 젖으로 빚은 술

곡식이 부족한 초원의 유목민들은 동물의 젖으로 술을 만들어 마셨다. 그런 술을 유주라고 한다.

¶유주(乳酒): 우유 따위를 발효하여 만든 술. 우유주(牛乳酒)와 마유주(馬乳酒)가 있다.

고려대한국어대사전에는 유주와 함께 젖술도 표제어로 올렸다.

¶젖술: 유즙(乳汁)을 발효시켜 빚은 술. 알코올 농도가 매우 낮은 술이다. 양유(羊乳)를 발효시켜 만든 것을 양유주(羊乳酒), 마유(馬乳)로 만든 것을 마유주(馬乳酒)라 한다.

마유주는 이름을 들어보거나 마셔본 사람이 많을 것이다. 몽골에 가면 막걸리와 비슷한 술을 쉽게 볼 수 있는데, 말젖을 이용한 마유주다. 현지어로는 아이락이라고 한다.

¶마유주(馬乳酒): 말의 젖을 발효시켜 만든 술. 크림 모양이며, 시원하고 신맛이 난다.

크림 모양이라는 풀이는 마유주에 어울리지 않는다. 막걸리가 크림 모양이 아니듯 마유주 역시 마찬가지다. 고려대한국어대사전에는 크림 모양이라는 말이 없으며 1~2퍼센트의 알코올을 포함한 술이라고 했다. 시큼한 맛이 난다.
말젖을 이용해 만든 술 이름이 표준국어대사전에 더 있다.

¶쿠미스(러시아어, kumys): 주로 말의 젖을 원료로 하여 만든 술. 아시아의 유목민, 키르기스인, 타타르인 등이 음료수로 사용하는데, 빈혈증 · 괴혈병 · 히스테리 · 장티푸스 따위에 효과가 있다.

쿠미스를 만들 때 말젖 대신 양젖을 쓰는 경우도 있다.

¶우유주(牛乳酒): 우유에 효모를 넣어 발효시켜 만든 술. 크림

같은 상태로 상쾌하고 신맛이 있다.

마유주에 비해 소젖으로 만든 술은 많이 알려지지 않았다. 중국 자치주인 내몽골에 가면 '나이주(奶酒)'라는 게 있는데, 이게 바로 우유를 발효시켜 만든 술이다. 마유주는 도수가 낮은 데 반해 나이주는 증류를 시켜 도수가 무척 높은 편이다. 내(奶)는 젖이라는 뜻을 가진 한자다. 우유를 이용한 술 이름 하나 더 보자.

¶소마(蘇摩): 1. 인도에서 예로부터 제사에 쓰던 술. '소마'라는 풀의 즙에 우유와 밀가루를 섞어 발효하여 만든다. 2. 소마를 신격화한 주신(酒神). 병을 고쳐 주고 수명을 연장해 주며 용기를 준다고 한다.

고려대한국어대사전에서 젖술을 풀이하며 양유주가 있다고 했는데, 이 말은 표제어에 없다. 대신 양의 젖으로 만든 술 이름이 표준국어대사전에 나온다.

¶케피르(러시아어, kefir): 불가리아 등의 산악 지대에서 양이나 산양의 젖을 사용하여 만든 발효주. 유산균과 알코올 발효균이 들어 있는 케피르 종균으로 발효시켜 만든다.

캅카스 지역에서 처음 만들어 마신 것으로 알려져 있으며, 소젖이나 염소젖을 이용하기도 한다. 소화를 촉진하고 변비에 좋으며 알코올 도수가 낮아 음료수처럼 마신다.

우유가 아니라 계란을 이용한 술 이름이 국어사전에 나온다.

¶계란주(鷄卵酒): 달걀을 술에 풀고 설탕을 넣은 다음 달걀이 완전히 익지 않도록 데운 술. 약으로 쓴다.

이렇게 복잡한 방식으로 술을 만들어 먹는 한국 사람이 얼마나 될까? 계란주는 일본 사람들이 감기에 걸렸을 때 만들어 마시는 술이며, 청주를 이용한다. 일본 사람들이 마시는 술이라는 풀이를 넣어주었어야 한다. 한국 사람들은 감기에 걸렸을 때 흔히 소주에 고춧가루를 타서 마시면 된다고 하는데, 함부로 시도할 건 못 된다.

동물 고기와 뼈를 이용한 술

『동의보감』은 꽤 많은 종류의 약술을 소개하고 있다. 그중에 표준국어대사전에도 오른 특이한 술 몇 가지를 알아보자.

¶무술주(戊戌酒): 누런 수캐의 고기를 삶아서 찹쌀과 섞어 함께 쪄서 빚은 약술.

개고기를 삶아서 빚은 술이라고 하니 꺼림칙하게 여기며 마시지 못할 이들도 많을 듯하다. 하지만 약이라고 생각하면 못 마실 것도 없지 않을까? 『동의보감』에서는 빈속에 한 잔씩 마시면 원기를 보하고, 특히 노인들 건강에 좋다고 해놓았다.

무술주(戊戌酒)라는 이름은 술(戌)이 12간지에서 개를 가리키며, 무(戊)는 황색을 상징하기 때문에 얻은 명칭이다. 그래서인지 복날에 마시면 더 좋다는 이야기도 있다. 무술주를 소개하는 신문 기사가 있다.

초등학교 교사인 이종록 씨(61·부산 북구 화명동)의 집안은 3대째 이 술을 빚고 있다. …… 이씨의 집안에서 무술주를 빚은 것은 이씨의 조부 때부터. 유학자인 조부가 젊은 시절 도산서원에서 배운 술이다. 도산서원에서는 오래전부터 여름철이면 무술주를 빚었다고 한다.

이씨는 "증조부가 기력이 좋지 않았는데 조부께서 '노인에게 무술주가 좋다'는 이야기를 듣고 도산서원에서 술을 가지고 와서 증조부에게 식전 식후에 한 잔씩 드렸는데 93세까지 사셨다"고 말했다.

—『경향신문』, 2005. 10. 25.

무술주가 도산서원과 관계가 깊다고 했는데, 어떤 사연이 있는 걸까? 도산서원은 알다시피 퇴계 이황 선생이 제자들을 가르치던 곳이다. 이황이 평소 가까이하던 책 중에 15세기 때의 명나라 의술 서적인 『활인심방(活人心方)』이란 게 있었다. 거기에 무술주가 소개되어 있다는 것이다. 그렇다면 무술주는 본래 우리 전통주가 아니라 중국에서 제조법을 들여온 술인 셈이다.

무술주는 『동의보감』뿐만 아니라 여러 책에도 소개되어 있는데,

1837년에 한글로 쓴 술 제조 비법서인 『양주방』에 무술주 빚는 법 두 가지가 나온다.

첫 번째 방법은 누렁개를 잡아 네 동강을 내어 국물이 서 말이 될 때까지 푹 삶는다. 그런 다음 삶은 물에 뜬 기름을 모두 건져내고 찹쌀 서 말을 넣어 익힌다. 두 번째 방법은 누렁개의 가죽을 벗겨 머리와 내장을 버리고 역시 네 동강을 내어 알맞은 독에 넣는다. 그런 다음 찹쌀 한 말 혹은 한 말 반을 쪄서 누룩가루를 알맞게 섞어서 독에 담고 일 년간 땅에 묻어둔다. 일 년이 지난 후에 뚜껑을 열면 고기는 다 녹고 맑은 빛에 깔끔한 맛의 술이 된다.

기사에 나오는 것처럼 이종록 씨가 부산에 거주하기 때문에 부산에 가면 무술주를 파는 술집이 있다고 한다. 참고로 비슷한 방법으로 만든 무술당이라는 엿이 있다는 것도 알아두면 좋겠다.

¶무술당(戊戌糖): [한의] 보약으로 쓰는 엿의 하나. 누런 수캐의 고기를 삶아서 짠 즙에 백출(白朮), 계핏가루, 후춧가루를 넣고 버무려 만든다.

다음에 소개할 술은 녹두주인데, 무술주보다 더 혐오감을 일으킬지도 모르겠다.

¶녹두주(鹿頭酒): 사슴의 대가리를 삶아 짓찧어낸 즙으로 담근

술. 노점(癆漸), 소양증(少陽症) 따위에 효험이 있으며 정기를 돕는다.

이 술은 『김두종본양생서(金斗鍾本養生書)』, 『임원경제지』 등에도 소개되어 있다. 녹두주를 만드는 방법 역시 두 가지가 전한다. 첫번째는 사슴 대가리를 삶아 짓이겨서 낸 즙에 쌀 찐 것과 누룩가루를 섞어서 빚는 방법이다. 술을 마실 때는 파와 고추를 넣어서 마시면 좋다고 한다. 두 번째는 사슴 대가리를 깨끗이 씻은 다음 작게 썰고 으깨서 소주에 흐물흐물하도록 고아 이것을 다시 소주 7~10 되와 함께 항아리에 담고 한 달 뒤에 개봉해서 마시는 방법이다.

¶양고주(羊羔酒): 살구씨를 삶아서 쓴 물을 빼어 양이나 염소 고기와 함께 끓여 즙을 내고 목향(木香)을 넣어서 버무려 담근 술. 원기를 돋우고 위를 튼튼히 하는 효과가 있다.

이 술은 『동의보감』에 고아주(羔兒酒)라는 이름으로 나오는데, 본래 중국 송나라에서 건너온 술이다. 줄여서 고주(羔酒) 혹은 양고(羊羔)라고도 한다. 주로 어린 양을 재료로 쓴다. 이 술과 관련해서 다음과 같은 일화가 전해진다.

송나라 때 도곡(陶穀)이라는 사람이 당태위(黨太尉) 집에 있던 기녀를 취해서 놀았다. 하루는 도곡이 눈 녹은 물로 차를 끓여 마시며 여자에게 당태위도 이런 풍류를 아느냐고 물었다. 그러자 여자가 말하기를 "당태위는 거친 사람이라 어찌 이런 맛을 알겠습니까? 다만 휘장 안에서 고아주(羔兒酒)나 마시며 저에게는 노래를 부르라고 할 뿐입니다"라고 대답했다.

이 일화가 허균이나 김정희 등의 글에 인용되어 나타난다.

술 종류는 워낙 많고 재료도 천차만별이지만 동물 고기나 대가리를 삶아서 술을 담근다는 건 아무래도 그로테스크한 느낌이 든다. 세상에는 정말이지 상상 이상의 것들이 너무 많다. 호랑이와 고라니 뼈를 이용한 술도 있다고 하니 더 말해 무엇하겠는가.

¶호골주(虎骨酒): 호랑이의 정강뼈를 구워 빻아서 누룩, 쌀 따위를 넣고 담근 술. 팔다리의 뼈마디가 아픈 데에 쓴다.

¶미골주(麋骨酒): 고라니의 뼈를 삶아 즙을 내어 담근 술. 음허(陰虛)와 신장(腎臟)이 약한 데에 약으로 쓴다.

뱀술

어렸을 적 부친이 개미를 잡아 술을 담근 걸 본 기억이 있다. 드시는 것까지 보았는지는 가물가물하고, 그 작은 개미들을 잡아다 병에 집어넣고 술을 부어 개미술을 담그다니 별 희한한 일도 다 있다는 생각을 하곤 했다. 개미로 담근 술을 뜻하는 말은 국어사전에 없고 〈우리말샘〉에 불개미술이라는 낱말이 하나 있다. 개미로 담근 술은 아니지만 개미가 들어가는 말로 된 술 이름은 있다.

¶부의주(浮蟻酒): 밥풀이 동동 뜨는 맑은 찹쌀 술.

의(蟻)는 개미를 뜻하는 한자다. 밥풀이 개미처럼 보여서 붙인 이름으로 동동주와 통하는 말이다. 고려대한국어대사전에 비슷한 말 하나가 더 보인다.

¶녹의주(綠蟻酒): 용수를 박아 그 속에 괸 맑은술을 뜰 때 밥알을 거르지 않고 함께 떠낸 술. 술에 뜬 밥알이 개미와 비슷해 보인다고 하여 이름이 유래했다. 고려 시대부터 있던 것으로 여겨지는 술의 하나이다. 유의어: 동동주(--酒), 부의주(浮蟻酒), 특주(特酒).

개미 말고 말벌을 넣어 담그는 술도 있지만 역시 국어사전에서 그런 말은 찾을 수 없다. 대신 뱀을 이용해 담근 술 이름은 여러 개가 보인다.

¶뱀술: 소주 따위의 독한 술에 뱀을 넣어 우려낸 술. ≒사주(蛇酒).
¶백사주(白蛇酒): 흰 뱀을 넣고 담근 약술.

뱀이 들어 있는 커다란 술병을 바라보면 절로 징그러운 마음이 들면서, 대체 한국 남자들은 왜 저렇게 야만스러울까 하는 생각을 하는 이들도 있을 게다. 정력에 좋다는 이유로 뱀술은 물론 뱀탕까지 해서 먹고 있으니 그렇게 여길 만도 하다. 그럼에도 누군가는 지금 이 순간에도 뱀술을 담그고 있을 것이다.

보통 뱀술이 아니라 특별한 방식으로 담그는 뱀술 이름도 국어사전에 보인다.

¶춘사주(春蛇酒): 봄철에 여러 초목의 새잎을 따서 독사 열 마리와 함께 넣어서 담근 술. 꼭 봉하여 땅에 묻어두었다가 3년 만에 꺼내어 약으로 먹는다.

¶섬사주(蟾蛇酒): 두꺼비를 물어 삼키려는 순간의 살무사를 잡아서 공기가 들어가지 아니하도록 흙으로 봉하여 빚은 술. 한방에서 빈혈증 따위를 치료하는 데 쓴다.

저렇게 특별한 방식으로 술을 담그는 건 대개 중국 사람들이다. 춘사주는 그렇다 쳐도 섬사주는 정말로 저렇게 담그는 술이 있을까 싶기도 하다. 풀이에 나온 "두꺼비를 물어 삼키려는 순간의 살무사"라는 표현이 모호하다. 그런 순간을 포착해서 살모사를 잡는 것도 쉬운 일은 아닐 테니 말이다. 두꺼비를 물고 있는 살모사를 잡아서 만들기도 하지만 대개는 두꺼비와 살모사를 따로 잡아서 함께 항아리에 넣어 빚는다고 한다.

뱀과 두꺼비가 서로 독을 뿜으며 싸우는 장면을 담은 민담은 꽤 널리 퍼져 있다. 두꺼비와 뱀의 독을 함께 이용하면 약효가 더 뛰어날 거라는 믿음에서 저런 술을 만들어 마셨을 것이다. 하지만 의학자들에 따르면 뱀술에 특별한 약효가 있다는 건 과학적 근거가 없다고 한다. 그럴 거라고 믿는 데서 오는 플라세보 즉 심리적 효과는 있을 수도 있겠지만.

중국에는 삼사주(三蛇酒)와 사담주(蛇膽酒)도 있다고 한다. 삼사주는 종류가 다른 뱀 세 마리를 넣어서 담그는 술이고, 사담주는 같은 종류의 뱀 쓸개만 모아서 담그는 술이다. 둘 다 국어사전에는 없는 말이다.

뱀술은 아시아권에만 있다. 중국과 우리나라를 비롯해 라오스 쪽에 가도 뱀술을 만날 수 있다. 일본에도 유명한 뱀술이 있다. 하브주(ハブ酒)라는 술인데, 하브(ハブ)는 반시뱀을 뜻하는 말이다.

¶반시뱀(飯匙-): [동물] 살무삿과의 하나. 몸의 길이는 1.6미터 정도이며 연한 황색에 두 줄의 어두운 갈색 고리 무늬가 있고 머리는 삼각형이다. 쥐 따위를 잡아먹고 사람이나 가축을 해치는 맹독을 가졌다. 나무 위나 풀밭에 사는데 일본의 오키나와, 대만 등지에 분포한다.

풀이에 오키나와라는 말이 보이는 것처럼, 하브주는 오키나와의 특산주이다. 하브주를 만들 때는 아와모리라는 술을 사용하는데, 쌀로 빚은 오키나와식 소주이다. 한국에서는 뱀술을 판매하는 게 불법이지만 오키나와에서는 지역 특산품으로 판매하는 하브주를 쉽게 살 수 있다.

오키나와가 나온 김에 류큐국(琉球國)에서 빚었다는 술 이야기 하나를 살짝 얹어보려고 한다. 류큐는 본래 일본 땅이 아니었으나 1879년에 일본에 강제로 병합되었다. 오늘날 오키나와라 부르는 곳이다. 2차대전 후 미국의 통치를 받다가 1972년에 다시 일본으로 귀속된, 역사의 상흔이 매우 깊은 지역이다. 옛날에 그곳 사람들이 미인주(美人酒)를 빚어 마셨다는데 이 말은 국어사전에 없다. 빚은 지 하루 만에 마신다고 해서 일일주(一日酒)라고도 한다. 조선왕조실록에 류쿠국 사신 이계손(李繼孫)이 세조에게 일일주를 설명하는 대목이 있다.

깨끗이 씻은 쌀로 밥을 지어 누룩에 섞어서 술을 빚으며, 다만 하루거리 술[一日酒]은 15세 처녀가 입을 깨끗이 씻고 밥을 씹어서 술을 빚는데, 그 맛이 기막히게 달다.

—『세조실록』 27권, 세조 8년 2월 28일.

침을 이용해서 발효를 시킨 이 술이 이수광의 『지봉유설(芝峯類說)』에는 '미인주'라는 이름으로 기록되어 있으며, 류큐 사람들은 '신주(神酒)'라는 이름으로 불렀다. 미인주와 함께 류큐 사신들이 조선에 선물로 보낸 술로 천축주(天竺酒)가 있다. 야자수 계열의 광랑나무를 절여서 태워 술을 만드는데, 그 맛이 향기롭고 극렬(極烈)해서 두 잔을 마시면 종일토록 취한다고 했다.

5부
술을 둘러싼 세계

옛사람들이 술 마시던 방식

(1) 주령

옛날 사람들은 술을 마시는 데도 법도가 있다고 했으니, 이름하여 주도(酒道)라고 하는 것이다. 그런데 국어사전에 주도와 비슷한 말이 나온다.

¶주령(酒令): 여러 사람이 술을 마실 때 마시는 방식을 정하는 약속.

약속의 내용이 구체적으로 어떤 것들이었을지 궁금하다. 주령은 옛날 중국 사람들이 술 마시던 방식과 절차를 가리키던 말이다. 중국의 주령은 서주(西周) 시대에 비롯되었다고 하는데, 당시에는 술의 흥취를 돋우기보다는 술자리에서 예의를 지키고 되도록 술을 적게 마시도록 하는 기능을 했다고 한다. 그래서 나온 게 아래 낱말이다.

¶주례(酒禮): 술자리에서의 예의범절.

이때 지켜야 할 예의로 시(時), 서(序), 수(數), 영(令)의 네 가지가 있었다. 시(時)는 술을 마시는 때를 말하는 것으로, 천자(天子)나 제후(諸侯)가 즉위할 때, 결혼식이나 과거에 급제했을 때, 제사 지낼 때나 중요한 의식을 치를 때만 마시도록 했다. 서(序)는 술을 드리는 순서를 말하는 것으로, 천(天), 지(地), 귀(鬼), 신(神)에게 먼저 바치고 다음으로 연장자를 우선하며 신분의 높낮이에 따르도록 했다. 수(數)는 술잔의 횟수와 양을 말하는 것으로 석 잔을 넘겨 마시지 않도록 했다. 영(令)은 술을 마실 때 반드시 술자리를 이끄는 주관(酒官)의 지시에 따르도록 하는 것을 말한다. 주령(酒令)이라는 말이 여기에서 나왔다. 주관(酒官) 말고도 술자리의 예절을 감독하는 주감(酒監)이나 주사(酒史) 같은 직책이 있었다고 하는데, 이런 말들은 국어사전에 올라 있지 않다.

그러다 시대가 변함에 따라 이러한 규율이 점차 흐려지면서 술을 즐기는 문화가 성행하자 주령이 술을 많이 마시게 하는 쪽으로 변했다. 그러면서 각종 놀이 성격의 주령이 생겼다. 처음에는 활쏘기나 시가(詩歌)를 겨루어 이긴 사람이 술을 마시거나 혹은 진 사람이 벌주를 마시게 하는 방식에서 차츰 노래와 춤, 수수께끼나 글자 맞추기, 바둑, 주사위 놀이 등이 주령의 방식으로 등장했다.

이런 주령과 관련한 낱말들이 있는데, 다른 국어사전에는 없고 〈우리말샘〉에만 실려 있는 낱말부터 살펴보자.

¶주령구(酒令具): 통일 신라 시대의 유물로, 14면체에 다양한 벌칙이 새겨져 있는 주사위. 귀족들이 술자리에서 놀이를 할 때 사용했다.

이 주령구는 1975년 경주 동궁(東宮)에 있던 연못 월지(月池)에서 발굴되었으며, 14면체에 적힌 술자리 규칙은 다음과 같다.

공영시과(空詠詩過): 즉흥시 지어서 읊기.
금성작무(禁聲作舞): 음악이나 노래 없이 춤추기.
삼잔일거(三盞一去): 술 석 잔 한 번에 마시기.
중인타비(衆人打鼻): 여러 사람이 돌아가며 코 때리기.
유범공과(有犯空過): 못된 짓을 하는 사람이 있어도 참기.
농면공과(弄面孔過): 얼굴에 간지러움을 태워도 참기.
음진대소(飲盡大笑): 술잔을 다 비우고 크게 웃기.

자창자음(自唱自飮): 스스로 노래 부르고 스스로 마시기.

곡비즉진(曲臂則盡): 팔을 구부리거나 팔짱을 끼고 술잔 비우기.

임의청가(任意請歌): 아무에게나 마음대로 노래 시키기.

월경일곡(月鏡一曲): 월경 노래 한 곡 부르기.

추물막방(醜物莫放): 더러운 것이 있어도 버리지 않기.

양잔즉방(兩盞則放): 잔이 두 개면 바로 비우기.

자창괴래만(自唱怪來晩): 스스로 괴래만을 부르기.

주령구를 던져서 위 구절이 적힌 부분이 나오면 그대로 따라하도록 했다. 괴래만(怪來晩)에 대해서는 정확한 해석이 힘들고 당시에 유행하던 노래 제목이 아닐까 싶은데, 도깨비 걸음을 뜻하는 말이라고 하는 사람들도 있다. 아무튼 술자리에서 흥을 살리기 위해 익살스러운 장난을 하며 즐기던 옛사람들의 모습이 눈앞에 선하다. 하지만 안타깝게도 이 주령구 실물은 불에 타 없어졌고, 박물관에 있는 건 복제품이다. 발굴 후 보존 처리를 위해 특수 제작된 전기오븐에 넣어 건조시키는 과정에서 자동 전기 조절기가 오작동을 일으켜 주령구를 잿더미로 만들어버렸기 때문이다. 실로 어처구니없는 일이 발생한 것이다.

한편 다음과 같은 낱말도 국어사전에서 찾아볼 수 있다.

¶주령배(酒令杯): [공예] 예전에 쓰던 술잔의 하나. 속에 오뚝이

같은 인형이 있어서 술이 차면 뜨고 술이 없으면 가라앉게 되어 있다. 그 위에 아홉 구멍이 있는 잔 뚜껑을 덮고 술을 따르면 그 인형이 떠서 구멍 밖으로 머리를 내밀게 되는데, 인형이 향하는 쪽에 있는 사람이 술을 마시게 된다.

참 재미있는 술잔이다. 하지만 이 술잔은 기록으로만 전할 뿐 유물로 발견된 것은 없다. 발견된 유물 이름은 기존의 국어사전에 실려 있지 않고, 기록으로만 있는 물건 이름이 국어사전에 실린 까닭을 모르겠다.

주령배와 비슷한 용도로 쓰인 물건 이름이 국어사전에 하나 더 있다.

¶권주호(勸酒胡): 술자리에서, 나무로 만든 인형을 술상 위에 세워놓고 그것이 넘어진 쪽에 앉은 이에게 술을 권하던 일.

권주호는 송나라 사람 장방기(張邦基)가 펴낸 『묵장만록(墨莊漫錄)』이라는 책에 등장한다. 그러므로 권주호는 송나라 사람들이 사용하던 것이고, 우리나라에서 사용되었다는 기록은 없다. 어디서 저렇게 희한한 말을 찾아서 국어사전에 실었는지 역시 모를 일이다.

오늘날 주령에 해당하는 말에 어떤 게 있을까? 흔히 술자리에 늦게 온 사람에게 술 석 잔을 마시게 한다는 후래자삼배(後來者三杯) 같은 말을 쓰는 경우가 있다. 이 말은 〈우리말샘〉에만 있고, 대신 다음과 같은 말이 다른 사전에 실려 있다.

¶후래삼배(後來三杯): 술자리에 뒤늦게 온 사람에게 권하는 석 잔의 술.
¶후래선배(後來先杯): 술자리에 뒤늦게 온 사람에게 먼저 권하는 술잔.

끝으로 술자리 관련한 낱말 두 개를 더 소개한다.

¶주불쌍배(酒不雙杯): 술을 마실 때, 마시는 잔의 수가 짝수로 끝나는 것을 꺼림을 이르는 말.
¶벌례연(罰禮宴): 조선 시대에, 관아에서 벼슬아치에게 잘못이 있을 때, 그 사람에게 벌로 술을 내게 하여 같이 마시며 즐기던 일.

(2) 주정(酒政)과 상정(觴政)

우선 표준국어대사전에 나오는 낱말부터 보자.

¶주정(酒政): 1. 술을 마시는 일. 또는 그런 절차. 2. 술의 단속.

¶상정(觴政): 술자리에서 흥을 돋우기 위하여 정하는 규칙. 일단 받은 술을 다 마시지 못하고 남길 때, 벌주로 한 잔 더 마시기로 하는 것 따위의 약속을 말한다.

주정의 두 번째 풀이에서 "술의 단속"이라고 한 구절이 마음에 걸린다. 국어사전이 저렇게 모호하고 무성의한 표현을 해도 되는 걸까? 고려대한국어대사전은 '술을 단속하는 일'이라고 표현해서 조금 낫긴 하지만 의미가 모호하기는 마찬가지다. 짐작건대 술을 많이 마시지 못하게 하거나 규칙이나 예절에 맞게 마시도록 한다는 뜻으로 쓰지 않았을까 싶다. 그리고 상정의 풀이에서 고려대한국어대사전은 "술자리에서 술을 권하는 일을 맡음. 또는 그 일을 맡은 사람"이라는 뜻을 하나 더 추가해놓았다. 상(觴)은 술잔을 뜻하는 글자다.

주정이나 상정은 일반명사로도 쓰지만 글이나 책 제목으로도 많이 쓰였다.

명나라 때 화가인 오빈(嗚彬)은 「주정(酒政)」이라는 글에서 술 마실 때 지켜야 할 사항을 여섯 항목으로 정리해서 주정육칙(酒政六則)을 제시했다. 오빈이 말한 육칙은 누구와 마셔야 하느냐(飮人, 음인), 어디서 마시는 게 좋으냐(飮地, 음지), 언제 마시는 게 좋으냐(飮候, 음후), 어떤 멋을 부리며 마셔야 하느냐(飮趣, 음취), 술을 마시지 말아야 할 때는 언제냐(飲禁, 음금), 술을 마시다 쉬어야 할 때는 언제냐(飲闌, 음란) 하는 내용을 담았다. 가령 함께 술 마시기 좋은 사람의 기준으로 고아(高雅)하고 호협(豪俠)하고 진솔한 사람, 오래 사귄 벗 등을 예로 들었다. 오빈이 제시한 술 마시기 좋은 시간은 다음과 같다.

춘교(春郊): 봄날 한적한 교외로 나갈 때.

화시(花時): 꽃이 피었을 때.

청추(淸秋): 가을 하늘이 맑을 때.

신록(新綠): 초여름 녹음이 우거질 때.

우제(雨霽): 비 그치고 날이 갤 때.

적설(積雪): 눈이 쌓였을 때.

신월(新月): 새롭게 둥근 달이 뜰 때

만량(晚涼): 서늘한 저녁때.

상정은 명나라 때 시인 원굉도(袁宏道)가 쓴 같은 제목의 글이 유명하다. 내용은 다음과 같다.

飲喜 宜節(음희 의절)

飲勞 宜靜(음로 의정)

飲倦 宜詠(음권 의회)

飮禮法 宜瀟灑(음예법 의소쇄)

飮亂 宜繩約(음란 의승약)

飮新知 宜閒雅眞率(음신지 의한아진솔)

飮雜客 宜浚巡却退(음잡객 의준순각퇴)

기뻐서 마실 때는 절도가 있어야 마땅하고

피로를 풀기 위해 마실 때는 조용히 마시는 게 마땅하고

심심해서 마실 때는 농담을 곁들어야 마땅하고

예를 지키며 마실 때는 맑고 깊은 멋을 곁들여야 마땅하고

어지러운 자리에서 마실 때는 기약을 정해놓아야 마땅하고

새로 만난 사람과 마실 때는 여유와 진솔함을 갖춰야 마땅하고

잡스러운 이들과 마실 때는 한 순배 돌면 도망가는 게 마땅하다.

마지막 항목이 재미있게 다가온다. 술은 모름지기 마음이 맞는 사람들과 마셔야 하는 법이니, 불편한 자리에 오래 앉아 있을 일이 못 된다.

앞에서 상정이 술 권하는 일을 맡은 사람을 뜻하기도 한다고 했다. 상정은 보통 덕망이 있거나 신분이 높은 사람 혹은 술을 잘 마시는 사람에게 맡겼다. 그러면 상정이 술자리 규칙을 정해서 알려주고, 어기면 벌주를 마시게 하는 역할을 했다.

간단히 말하면 일단 주연이 열리면 사람들은 먼저 덕망이 있거

나 신분이 높은 사람, 말을 잘하거나 주량이 큰 사람을 추천하여 영관(令官)의 임무를 맡게 하고, 상정(=주령)을 주관하게 한다. 영관은 먼저 영주(令酒)를 한 잔 마시고, '주령의 개시'를 알리며, 모두에게 지켜야 할 규칙을 설명해준다. 이어 곧바로 주령을 시작하는데, 수행하지 못하거나 주령과 다르게 행한 사람 또는 규칙을 어긴 사람은 벌주를 받게 된다. 상정과 관련해서 위나라의 제왕인 문후(文侯)에 얽힌 이야기가 전한다.

문후(文侯)가 신하들과 함께 술을 마실 때, 공승불인(公乘不仁)에게 상정의 역할을 맡기면서 술을 마시지 않는 사람에게는 큰 잔으로 벌주를 마시도록 했다. 그런데 정작 문후가 자신의 차례가 되었을 때 술잔을 비우지 않았다. 공승불인이 주령에 따라 문후에게 벌주를 내리자 문후는 술잔만 바라보며 마시려 하지 않았다. 곁에서 시중을 들던 이가 왕께서는 이미 술에 취했으니 벌주를 거두라고 했다. 그러자 공승불인은 전거복 후거계(前車覆 後車戒), 즉 앞수레가 엎어지면 뒤따르는 수레가 경계하게 된다는 말을 인용하며 임금이 정해놓은 규칙을 지키지 않으면 어찌 되겠느냐고 했다. 그 말을 들은 문후가 그대 말이 옳다며 벌주를 마시고 그를 상객(上客)으로 대우해주었다.

술을 마실 때는 예의와 법도를 지켜야 하지만 무엇보다 절제를 할 줄 알아야 한다. 그래서 나온 게 다음과 같은 말들이다.

¶주잠(酒箴): 술을 경계하라는 훈계의 말. =주훈(酒訓).
¶주계(酒戒): 술을 삼가라는 훈계.

중국 전한의 학자 양웅(揚雄)이 지은 '주잠(酒箴)'이라는 제목의 시가 유명하다. 양웅을 생각하며 생육신의 한 사람인 남효온(南孝溫)이 같은 제목으로 쓴 시가 있다. 남효온은 지나칠 정도로 술을 좋아했는데, 술을 마시고 실수한 다음에 지은 작품이라고 한다. 뒷부분만 인용하면 이렇다.

揚雄曾著箴(양웅증저잠)
伯有死於斯(백유사어사)
胡爲此狂藥(호위차광약)
失德常在玆(실덕상재자)
酒誥在方策(주고재방책)
宜念以爲規(의념이위규)

양웅이 일찍이 주잠(酒箴)을 짓고
백유는 술 때문에 죽었거늘
어찌 이런 광약을 마시는가?

덕을 잃음이 항상 여기 있어라.
술에 대한 경계가 서책에 있으니
마땅히 규율로 삼아야 하리.

시에 나오는 백유(伯有)는 중국 춘추 시대 사람으로, 술을 너무 좋아해서 문을 걸어 잠그고 지하실 창고에 들어가 술 마시길 즐겼다. 그러다가 정치적 대립 관계에 있던 자석(子晳)에게 죽임을 당했다. 주고(酒誥)라는 말은 국어사전에 실리지 않았으며, 『서경(書經)』에 나오는 말이다. 세종실록에 "周武王作酒誥之書(주무왕작 주고지서) 以訓商民(이훈상민)"이라는 구절이 있다. 주나라의 무왕이 주고(酒誥)를 지어 상나라의 백성들을 가르쳤다는 말이다.

(3) 포석정과 유상곡수

경주의 유적지 중에 포석정이 있다는 걸 모를 사람은 없을 것이며, 거기서 왕과 신하들이 흐르는 물 위에 술잔을 띄워 놓고 시를 읊어가며 즐겼다는 이야기도 대부분 알고 있을 것이다.

¶포석정터(鮑石亭터): [역사] 경상북도 경주시 배동에 있는 통일 신라 때의 연회 장소. 왕과 신하들이 전복 모양으로 생긴 돌 홈

의 유상곡수(流觴曲水)에 술잔을 띄우고서 시를 읊으며 놀이를 하던 곳이다. 지금은 정자는 없고 물길만 남아 있는데, 물길은 22m이고 높낮이의 차는 5.9cm이다. 사적 정식 명칭은 '경주 포석정지(慶州鮑石亭址)'이다. 사적 제1호.

"유상곡수(流觴曲水)에 술잔을 띄우고서"라는 문구는 잘못된 표현이다. 유상곡수를 표준국어대사전에서 찾으면 이렇게 풀이하고 있다.

¶유상곡수(流觴曲水): [역사] 삼월 삼짇날, 굽이도는 물에 잔을 띄워 그 잔이 자기 앞에 오기 전에 시를 짓던 놀이. =곡수연(曲水宴), 곡수유상(曲水流觴).

유상곡수는 흐르는 물을 가리키는 말이 아니라 놀이를 지칭하는 용어이다. 이러한 놀이는 언제부터 시작되었을까? 현재까지 전하고 있는 기록으로는 중국 진(晉)나라 때의 서예가 왕희지(王羲之, 307~365)가 서기 353년 3월 3일 절강성에 있는 난정(蘭亭)이라는 정자에 시인들을 불러모아 유상곡수를 즐겼다는 내용이 가장 오래되었다. 이때 왕희지를 비롯해 41명이 모여 흐르는 물에 술잔을 띄워 잔이 자기 앞에 올 때까지 시를 읊었으며, 이때 쓴 시들을 모아 『난정회기(蘭亭會記)』라는 문집을 엮었다. 다음은 『난정회기』에 왕희지가 쓴 서문 중 일부이다.

此地有崇山峻嶺(차지유숭산준령) 茂林脩竹(무림수죽) 又有淸
流激湍(우유청류격단) 暎帶左右(영대좌우) 引以爲流觴曲水(인이
위유상곡수) 列坐其次(열좌기차) 雖無絲竹管弦之盛(수무사죽관
현지성) 一觴一詠(일상일영) 亦足以暢敍幽情(역족이창서유정).

이곳 땅에는 숭산준령(崇山峻嶺)과 무림수죽(茂林脩竹)이 있고
또한 맑은 물과 여울이 좌우로 띠를 이루었으니, 이를 끌어다 유상
곡수(流觴曲水)를 삼고 차례대로 둘러앉으매, 비록 사죽관현(絲竹
管弦)의 성대함은 없지만, 술 한 잔에 시 한 수 읊으며 그윽한 정을
마음껏 풀기에 충분했다.

위 글에 유상곡수(流觴曲水)라는 말이 등장하며, 뒷부분에 있는
일상일영(一觴一詠) 역시 국어사전에 표제어로 올라 있다.

¶일상일영(一觴一詠): 시를 읊으며 술을 마심. =일영일상.

중국 사람들이 즐기던 놀이가 우리나라로 전해져서 포석정이 만
들어졌을 것이다. 유상곡수를 즐기던 곳은 포석정만이 아니라 창
덕궁 안에 있는 옥류천을 비롯해 몇 군데에 흔적이 남아 있다. 유상

곡수는 중국과 우리나라뿐만 아니라 일본에서도 즐기던 문화다. 일본에도 유상곡수를 즐기던 유적이 몇 군데 남아 있다. 동양 삼국의 귀족이나 선비들이 물가에 모여 잔을 띄워 놓고 술을 마시며 시를 읊는 문화를 공유했음을 알 수 있다.

술 돌리는 예절

술자리에 가면 꼭 술잔을 돌리며 술을 권하는 사람을 볼 수 있다. 그런 행동을 뜻하는 말이 국어사전에 있다.

¶행주(行酒): 잔에 술을 부어 돌림. ≒행배.

풀이가 너무 간단한데, 이 말은 중국 한고조(漢高祖) 유방(劉邦)의 손자인 유장(劉章)에게서 비롯했다고 한다.

유방이 죽은 후 아들 유비(劉肥)가 왕위를 이어받았으나 유방의 부인인 여태후(呂太后)가 권력을 휘두르면서 같은 집안의 여씨(呂氏)들이 득세하며 이른바 국정을 농단하기 시작했다. 어느 날 궁궐에서 연회를 베풀게 되었는데, 이때 유장이 술자리를 주관하는 역할을 맡았다. 그러면서 여태후에게 이렇게 청했다.

臣將種也 請得以軍法行酒(신장종야 청득이군법행주)

신은 장수의 후예이니 청컨대 군법으로 잔을 돌리게 하소서.

말을 마치고 허락이 떨어지자 자신이 먼저 술을 마시고 연회에 참석한 사람들에게 계속 잔을 돌렸다. 그러던 중 여씨(呂氏) 한 명이 술에 취해 도망가자 쫓아가서 칼로 목을 베었다. 그 장면을 본 여태후는 미리 군법으로 행주의 예를 시행하겠다는 걸 허락한 터라 유장에게 죄를 물을 수도 없었다. 유장의 행동은 여씨들의 기를 꺾기 위해 미리 계산된 것이었다. 행주(行酒)에는 이렇듯 섬뜩한 이야기가 숨어 있다.

행주와 관련해서 가장 굴욕을 당한 사람이 우리 역사 속에 등장한다.

병자호란 당시 항복을 선언한 인조가 청나라 장수 앞에 무릎 꿇고 세 번 절하면서 그때마다 세 번씩 모두 아홉 번 머리를 조아렸다는 삼배구고두(三拜九叩頭)를 행한 일은 많은 사람이 알고 있다. 패전국 국왕이 당한 치욕과 수모는 지금도 송파나루 쪽에 삼전도비(三田渡碑)로 남아 역사의 교훈을 던져주고 있다.

인조의 치욕은 알아도 백제 마지막 왕인 의자왕의 치욕에 대해서는 모르는 사람이 많다. 의자왕은 해동증자(海東曾子)라는 말을 들을 정도로 영민하고 효심이 깊었으며, 왕위에 오른 뒤에도 민심을 얻는 정책을 펴고 신라를 공격해 30여 개의 성을 빼앗는 등 군사적으로도 뛰어난 능력을 발휘했다. 하지만 집권 후반기로 들어서며 국정 운영에 소홀해지기 시작했고, 결국 나당연합군에게 패배해 나라를 잃는 비운의 주인공이 되었다.

포로로 잡힌 의자왕은 태자와 함께 사비성에서 신라 무열왕 김춘추와 당나라 장수 소정방 앞에 무릎을 꿇었다. 그런 다음 그동안의 잘못을 빈다는 의미로 술잔을 바치는 행주(行酒)의 예를 거행해야 했다. 의자왕이 무열왕과 소정방에게 모욕에 찬 말을 들으며 행주를 하는 동안 백제의 신하들은 모두 통곡을 했다. 그 후 의자왕은 당나라로 끌려갔고, 얼마 지나지 않아 당나라 땅에서 병으로 죽었다. 망국의 군주로서 마지막 숨을 거둘 때 행주의 굴욕을 떠올리며 회한의 눈물을 흘렸을지도 모를 일이다.

행주는 조선 시대에도 이어져 궁중에서 연회를 베풀거나 혹은 중국 사신을 접대하는 자리에서 왕의 명에 따라 왕세자나 신하들이 예를 갖춰 잔에 술을 따라서 돌렸다. 실록에 행주를 거행했다는 말이 꽤 많이 나온다.

국어사전에는 나오지 않지만 중국에는 행주령(行酒令)이라는 게 있었다. 술을 마시거나 권할 때 놀이나 노래를 시켜서 제대로 못하면 벌주를 마시도록 하는 방식이었다. 지금도 더러 행주령 놀이를 하며 술 마시는 모습이 남아 있다.

술 마시는 모임

조선 시대에 임금이 신하들을 위해 베풀어준 연회가 있었다.

¶홍도음(紅桃飮): 조선 시대에, 봄에 교서관 벼슬아치들이 모여 술을 마시던 모임. 태종 2년(1402)에 왕이 홍도를 상으로 내리고 연회를 베푼 데서 비롯하여, 3년마다 한 번씩 열렸다.

¶장미음(薔薇飮): 조선 시대에, 초여름에 예문관 관원들이 모여 술을 마시던 모임. 태종 2년(1402)에 왕이 장미를 상으로 내리고 잔치를 베푼 데서 비롯하여, 3년마다 한 번씩 열렸다.

¶벽송음(碧松飮): 조선 시대에, 여름에 성균관 관원들이 모여 술을 마시던 모임. 태종 2년(1402)에 왕이 푸른 소나무를 상으로 내리고 잔치를 베푼 데서 비롯하여, 3년마다 한 번씩 열렸다.

전부 태종 2년에 시작된 연회라고 되어 있다. 조선왕조실록에는 이들 모임이 어떻게 기록되어 있을까?

대언(代言) 유기(柳沂)를 보내 궁온(宮醞)을 교서관(校書館)의 홍도연(紅桃宴)에 내려주었다. 예문(藝文)·성균(成均)·교서(校書) 3관(三館)이 각각 상 받은 물건으로써 그 연회의 이름을 붙였는데, 예문관에서는 '장미연(薔薇宴)'이라 하고, 성균관에서는 '벽송연(碧松宴)'이라 하고 교서관에서는 '홍도연(紅桃宴)'이라고 하여, 3년에 한 차례씩 돌려가며 마련하여 회음(會飮)하였다. 임금이 유아(儒雅)를 중히 여긴 까닭에, 궁온(宮醞)을 내려주어 사치하게 하였다.
—『태종실록』3권, 태종 2년 2월 28일.

대언(代言)은 승지에 해당하는 벼슬 이름이고, 유기(柳沂)는 이방원이 왕위에 오르는 데 공을 세운 인물이다. 그리고 궁온(宮醞)은 임금이 신하에게 내리던 술을 뜻한다. 다른 말로는 선온(宣醞)이라고도 한다.

실록에는 홍도음, 장미음, 벽송음이라는 용어가 나오지 않는다. 다만 위 기록에서 보는 바와 같이 홍도연, 장미연, 벽송연이라는 말만 보일 뿐이며, 그것도 태종 2년의 기록 외에는 없다. 실록의 기록만 보면 태종이 궁궐 안의 직책 중에 문서를 다루는 위 세 기관을 합쳐 부르는 삼관(三官)의 관원들을 특별히 우대했다고 생각할 수 있다. "임금이 유아(儒雅)를 중히 여긴 까닭"이라고 한 구절이 그런 사실을 뒷받침한다. 유아(儒雅)는 시문을 짓고 읊는 멋이나 풍치를 뜻하는 말이다.

그렇다면 연(宴) 대신 음(飲)을 붙인 용어는 어디서 가져왔을까? 성현(成俔, 1439~1504)이 펴낸 『용재총화(慵齋叢話)』에 그런 용어가 나온다. 해당 구절은 이렇다.

새로 과거에 급제한 사람은 방이 붙는 대로 의정부·예조·승정원·사헌부·사간원·성균관·예문관·교서관·홍문관·승문원 등으로 선임자들을 찾아가 인사하고 포물(布物)을 많이 걷어 연회를 위한 음식 만드는 비용으로 삼는다. 봄에는 교서관이 먼저 행하되 홍도음(紅桃飲)이라 하고, 초여름에는 예문관이 행하되 장미음(薔薇飲)이라 하였으며, 여름에는 성균관이 행하되, 이를 벽송음(碧松飲)이라 하였다.

이 대목에 앞서 성현은 허참례(許參禮), 중일연(中日宴), 면신례(免新禮) 등의 이름으로 신참자들이 선임자들에게 술과 음식을 대접하도록 하는 악폐를 비판하고 있다. 홍도음, 장미음, 벽송음 역시 신참자들이 연회 비용을 댄다고 한 것으로 보아 이름만큼 썩 아름다운 자리는 아니었을 것으로 보인다. 왕은 궁온 즉, 술만 내려주고 안주 등 술자리를 위한 다른 비용은 삼관의 신참자들이 대도록 했을 가능성이 많다. 실록에 나온 정확한 명칭을 국어사전에 올렸어야 한다는 생각도 한다.

궁궐에서 하던 모임은 아니지만 아름다운 이름을 가진 술 모임 하나가 국어사전에 나온다.

¶매화연(梅花宴): 매화꽃을 보고 즐기면서 술을 마시며 노는 모임.

풍류를 즐기는 선비들이 충분히 저런 모임을 가졌을 법하다. 문제는 정확히 매화연이라는 명칭을 쓴 모임에 대한 기록이 있느냐는 건데, 우리의 옛 기록에서는 발견되지 않는다는 점이다. 더러 그런 명칭을 쓴 글이 보이긴 하지만 그건 근래 들어 국어사전에 있는 이름을 빌려서 쓴 것들이다.

고려 말에 포은 정몽주(鄭夢周)가 일본에 사신으로 다녀온 일이 있다. 정몽주가 10개월간 머물던 곳이 규슈(九州) 지방인데, 그곳 태재부(太宰府)의 천만궁(天滿宮) 주변은 매화로 유명한 곳이다. 정몽주는 그곳에서 본 매화에 반해서 매화를 소재로 한 여러 편의 시를 지었다. 지금도 약 200종의 매화나무 6,000그루 정도가 있을 정도로 일본에서 매화의 명소로 소문난 곳이다. 바로 그곳에서 매화 철에 벌이던 행사가 매화연으로, 최근에 그 옛날의 매화연을 재현하는 행사가 열리기도 했다.

일본에서 가장 오래된 노래 가사집인 『만엽집(萬葉集)』에 실린 작품 중 매화를 소재로 삼은 게 일본 재래종인 싸리꽃에 이어 두 번째로 많다고 한다. 매화가 등장하는 작품이 120여 편인데 반해 벚꽃은 40여 편에 지나지 않는다고 하니 예전에는 벚꽃보다 매화가 일본인들의 사랑을 더 많이 받았음을 알 수 있다.

¶주전(酒戰): 술을 많이 마시는 내기.
¶경음회(競飮會): 술 따위를 많이 마시기를 겨루는 모임.

주전이라는 말은 보통명사로 얼마든지 쓰일 수 있지만 경음회(競飮會)라는 말은 끝에 회(會)가 들어 있는 것으로 보아 특별한 모임이나 대회를 지칭하는 낱말로 보아야 한다. 하지만 내 노력으로는 국어사전에 올라 있는 이 낱말이 언제 어디서 쓰였는지에 대한 기록을 찾을 수 없었다. 누가 술을 많이 마시는지 겨루는 일이 흔하다 쳐도 경음회라는 말이 국어사전에 오르려면 어딘가에는 그런 명칭을 정식으로 사용했다는 기록과 근거가 있어야 한다. 설사 내가 모르는 어느 자료엔가 기록이 숨어 있을 수는 있지만 어느 정도 보편성을 가지고 쓰였어야 국어사전에 오를 수 있는 자격을 갖출 수 있지 않을까? 경음회라는 말 대신 경음대회라는 말은 옛 신문 기사에 더러 보인다.

얼마 전에 일본에서는 '맥주여왕'을 뽑기 위한 여자 맥주경음대회가 있었는데 동대회에 모여든 여인은 300명을 훨씬 넘었다고 한다.

—『동아일보』, 1954. 9. 19.

체크의 부락민들은 릴레이식 맥주경음대회에서 0.5 *l* 들이 술잔 1백 개에 든 맥주를 불과 12분 2초 만에 비워버려 세계 신기록을 세웠다고 주장했다.

—『연합뉴스』, 1994. 6. 14.

경음회 같은 낱말을 어디서 가져왔는지 국어사전을 볼 때마다 궁금해지곤 한다. 마지막으로 국어사전에는 없는 말이지만 백주회라는 이름을 가진 술 모임 하나를 소개한다.

향가 연구에 큰 획은 그은 양주동은 대단한 애주가였다. 그런 이력을 바탕으로 『문주반생기(文酒半生記)』라는 책을 펴내기도 했다. 말 그대로 글과 술을 벗 삼아 지내온 반평생을 기록한 책이다.

양주동은 동경 유학 시절 소설가 염상섭과 같은 방에서 하숙을 했다. 둘 다 술을 좋아하던 터라 원고료가 생기거나 고향에서 학비가 오면 그 돈을 들고 나가 술 마시는 데 다 쓰곤 했다. 그러던 어느 날 두 사람은 백주회(百酒會)라는 걸 해보자고 했다. 의기투합한 두 사람은 자주 가던 바에서 정종, 다까라(일본 술), 왜소주, 맥주, 황주, 배갈, 오가피주, 벨무드, 리큐르, 진, 위스키, 브랜디, 조니 워커 등 100가지 술을 한 잔씩 마시기로 했다. 백주회를 마친 두 사람은 어떻게 되었을까? 당연히 몸도 가누기 힘들 만큼 취했을 텐데, 그런 상태에서 숨바꼭질 놀이를 해가며 하숙집으로 돌아왔다고 한다. 백주회, 따라 해보라고 권하기 힘든 모임이다.

사라진 술집 이름

국어사전에 지금은 사라졌거나 거의 쓰지 않는 술집 이름들이 여러 개 나온다. 가령 '밤새도록 장사하는 선술집'을 뜻하는 '날밤집' 같은 말이 그렇다. 24시간 영업을 하는 술집을 가리키는 말로 날밤을 새우면서 마신다는 뜻으로 만든 이름일 텐데 요즘은 그런 말을 거의 쓰지 않는다. 그래도 이런 말은 무슨 뜻인지 어렵지 않게 알 수 있는데, 말만 들어서는 이해하기 어려운 낱말들도 있다.

¶군치리: 개고기를 안주로 술을 파는 집. ≒군치리집.

보신탕집을 가리키는 순우리말이다. 이 낱말은 신재효가 정리한 판소리 「흥보전」에 나온다.

서울로 올라가서 군치리집 종노릇 하다가 소주 가마 눌려놓고 뺨 맞고 쫓겨 와서 매품 팔러 병영에 갔다가는 배교 밀리어서 태장한 개 못 맞고서 빈손 쥐고 돌아오니 홍보 아내가 품을 판다.

홍부가 돈을 벌어보려 서울까지 가서 군치리집 종노릇까지 했다는 얘기다. 홍부가 생활력이 없는 무능한 인간 혹은 스스로 자신의 앞날을 개척하려는 의지가 없는 나약한 인간으로 평가하려는 일부의 견해를 이런 대목을 들어 반박하기도 한다.

잠시 군치리라는 말이 생겨난 유래를 따라가보자.

군치리는 군칠(君七)에서 왔다. 조선 후기 광통교 부근에 있는 술집을 군칠이집이라고 불렀다. 이 집은 직접 담근 술과 함께 주로 개장국을 안주로 해서 팔았고, 손님이 끊이지 않을 정도로 장사가 잘됐다. 그러자 인근의 술집이 너도나도 군칠이집이라는 상호를 쓰기 시작했다. 지금의 '군치리'는 '군칠이'가 변한 말이다.

최초의 군칠이집이 장사가 잘된 이유 중의 하나가 술집 터를 잘 잡았기 때문이라고 한다. 그곳에는 본래 세조 때 홍일동(洪逸童)이라는 사람이 살았다. 홍일동은 얼마나 술을 좋아했던지 한 번에 두어 말은 족히 마셨으며, 매일 사람들을 초대해서 자신의 집 우물물로 빚은 술을 함께 마시길 즐겼다. 그러다 세조가 선위사(宣慰使)로 임명했는데, 임지로 가던 중 홍주에서 술을 마시다 그 자리에서 죽었다. 이러한 사실이 『세조실록』에 실려 있다. 홍일동의 딸은 성종의 후궁인 숙의 홍씨(淑儀洪氏)로 아들 일곱에 딸 셋을 낳았다. 후궁이었던 만큼 일곱 아들은 모두 군(君)에 봉해졌으며, 거기서 군칠(君七)이라는 말이 생겼다. 그 후 홍일동의 집터에 술집이 들어섰는데, 애주가였던 홍일동의 집 우물물로 빚은 술이 맛있었다는 소문이 나면서 손님들이 너도나도 찾게 됐다는 것이다. 그러다 보니 술독만 100개에 이를 정도로 대규모 술집으로 발전했다. 군칠이집에서 안주로 개장국만 팔았던 건 아니지만 다른 안주에 비해 개장국 맛이 특히 좋았다고 해서 군칠이집은 개장국을 파는 술집의 대명사가 됐고, 지금 국어사전에 오른 군치리집이 되었다.

¶다모토리: 1. 소주를 큰 잔으로 마시는 일. 또는 큰 잔으로 파는 소주. 2. 소주를 큰 잔으로 파는 선술집.

고려대한국어대사전에 나오는 말이다. 이 말 역시 들어본 사람이 드물 것이다. 일제강점기에 주로 활동한 시인 장서언(張瑞彦, 1912~1979)이 동아일보에 '소한집(小閑集)'이라는 제목으로 연재한 글에 다모토리가 나온다.

보라(甫羅)는 '다모토리'에서 술을 먹다가 '다모토리'란 무슨 말이냐고 술집 노인에게 물었다. 그 노인 역시 제법 유리창 조각에

'다모토리'라고 써붙였건만서도 ─ 잘 모르겠으꼬마 ─ 이러케 토백이 사투리로 같은 서울 사람인 보라에게 은근한 애교를 베푸러 주는 것이다.

하여간 '다모토리'라고 써붙인 집에서는 삐루 술잔에 소주를 부어서 안주 없이 판다.

─ 『동아일보』, 1938. 9. 2.

글의 무대가 되는 지역을 정확히 밝혀놓지는 않았지만 글 앞뒤에 항도(港都), 푸른나루, 천마산이 등장하고, 노인의 말투 역시 함경도 사투리를 쓰고 있는 것으로 보아 함경도 청진을 말하는 게 분명하다. 같은 신문 1930년 11월 23일 자 기사에서는 함흥조선인음식조합이 임시총회를 열고 쌀값이 폭락함에 따라 음식값을 내리면서 다모토리의 값을 30전으로 정했다는 내용이 보인다.

이렇듯 다모토리는 주로 함경도 지방에서 쓰던 사투리다. 함경도 사투리는 두만강 건너에 살던 여진족 등이 사용하던 말의 영향을 많이 받았으며, 다모토리 역시 여진족 말에서 왔을 것으로 짐작된다.

말이 독특하다 보니 다모토리를 술집 상호로 쓰는 경우가 더러 있으며, 서울 신촌에는 다모토리라는 이름의 클럽을 겸한 주점이 줄지어 있는 다모토리 골목이 있다.

¶내외술집: 접대부가 술자리에 나오지 않고 술을 순배로 파는 술집. ≒내외주점, 안방술집, 안침술집.

내외술집은 조선 후기에 중인 이상 계층의 과부들이 생계를 위해 차린 술집이다. 겉으로 보기에는 일반 가정집 형태인데, 대문 옆에 '내외주가(內外酒家)'라고 써 붙여 술 파는 곳임을 알렸다. 비록 술집은 차렸으나 남녀유별의 도를 지키기 위해 여주인은 안에서 술상만 차리고, 술상을 내가고 들여오는 건 심부름꾼이 대신했다. 하지만 시간이 지나면서 이런 법도가 무너지면서 여주인이 직접 접대를 하는 색주가의 형태로 바뀌기 시작했다. 내외술집은 1920년대까지도 서울에서 성행하여 청진동에만 40여 호가 있었다고 한다. 내외술집의 성격이 어떻게 변해갔는지 알 수 있는 당시의 기사가 있다.

내외주뎜의 역사를 캐여보면 넷날에는 일홈과 가치 안악네들이 술상만 차려 내보내고 내외를 착실히 하든 술집이엇더랍니다. 이것이 차차 개명하여져서 내외법이 업서지고 술상 엽헤 부터안저 우슴을 팔며 노래를 팔더니 내종에는 매음까지 하게 되야 요사이에는 '내외주뎜' 하면 밀매음이 런상되게 되엿담니다.
—『동아일보』, 1924. 7. 10.

특별한 술잔

(1) 임금이 내려준 술잔

술은 술맛 자체가 가장 중요하지만 때로는 어떤 잔에 따라 마시느냐에 따라 흥취가 달라지기도 한다. 국어사전에 나온 특별한 술잔 이름들을 호출해보았다.

먼저 조선 시대에 왕이 신하들에게 내려준 술잔부터 살펴보자.

¶갈호배(蝎虎杯): 조선 태조 초에 임금이 승정원에 하사한 술잔의 이름.

갈호(蝎虎)는 도마뱀붙잇과에 속한 동물로 술을 먹이면 죽는다고 한다. 과음을 경계하라는 뜻으로 만들어 내린 술잔이다. 이와 비슷한 잔이 하나 더 있다.

¶혜호배(蟪蛦杯): 조선 명종이 독서당에 하사한, '혜호(蟪蛦)'라고 새긴 술잔. 혜호는 술을 마시면 죽는 벌레의 이름으로, 술 마시기를 경계하라는 뜻으로 하사한 것이다.

혜(蟪)는 쓰르라미, 호(蛦)는 도롱뇽 혹은 거미를 뜻하는 한자다. 『명종실록』에 승정원에 술과 함께 혜호 은배(蟪虎銀杯)를 하사했다는 기록이 있는 것으로 보아 은으로 만든 술잔임을 알 수 있다. 실록에 따르면 정원(政院), 즉 승정원에 하사했다고 되어 있으므로 독서당에 하사했다는 국어사전의 풀이는 잘못되었다.

그 외에 임금이 하사한 술잔 이름은 다음과 같다.

¶수정배(水精杯): 조선 성종 때에 독서당(讀書堂)에 내려주었던 수정 술잔.

¶선도배(仙桃杯): 조선 중종 때 독서당(讀書堂)에 하사한, 복숭아를 새긴 술잔.

¶앵무배(鸚鵡杯): 자개를 가지고 앵무새의 부리 모양으로 만든 술잔.

앵무배 풀이에는 임금이 하사했다는 말이 없지만 조선왕조실록에는 예종과 성종이 승정원에 앵무배를 내려주었다는 기록이 있다. 앵무배는 제주 사람들이 만들어 왕실에 진상하던 술잔이었다. 앵무배를 만들어 바치느라 제주 백성들의 고초가 심하다며 제주 출신의 첨지중추부사 고태필(高台弼)이 성종에게 청하여 앵무배 바치는 걸 감(減)해달라고 했다. 요청을 받은 성종은 "나라의 용도에는 이익이 없고 폐해가 백성에게 미치게 된다"며 앵무배를 공물로 바치는 걸 감면하라고 지시했다.

앵무배는 본래 중국 사람들이 만들어 사용하던 술잔이다. 이백(李白)의 「양양가(襄陽歌)」에 앵무배가 나온다.

鸕鶿杓(노자작)
鸚鵡杯(앵무배)
百年三萬六千日(백년삼만육천일)
一日須傾三百杯(일일수경삼백배)

가마우지 모양의 국자와
앵무 술잔으로
인생 백년 삼만육천 일
하루에 모름지기 삼백 잔을 마시려네.

술꾼 이백의 호기로움을 엿볼 수 있는 글이다.

조선 시대 사간원 관리들이 아란배(鵝卵杯)를 사용했다고 하는데, 이 술잔 이름은 국어사전에 오르지 못했다. 아란배는 거위 알 모양을 닮았다고 해서 붙인 이름이다.

(2) 기묘한 술잔

평범한 술잔이 아니라 특별한 기술을 이용해서 만든 술잔 혹은 특이한 모양을 한 술잔들도 있다.

¶계영배(戒盈杯): 술을 많이 마시는 것을 경계하기 위하여 특별하게 만든 잔. 술잔을 가득 채워서 마시지 못하도록 술이 어느 정도까지 차면 술잔 옆의 구멍으로 새게 되어 있다. ≒절주배.

계영배는 고대 중국에서 만든 술잔이다. 잔 안에 관을 만들어 그 관의 높이까지 술을 채우면 새지 않지만 관보다 높게 채우면 관 속과 술의 압력이 같아져서 수압 차에 의해 술이 흘러나오도록 했다고 한다. 이와 비슷한 원리로 만든 물건 이름이 국어사전에 나온다.

¶기기(敧器): 중국 주나라 때에 임금을 경계하기 위하여 기울게

만들었다는 그릇. 물이 가득 차면 엎어지고, 비면 기울어지고, 알맞게 들어 있어야만 반듯하였다고 한다. ≒의기(欹器).

계영배나 기기 모두 물리학에 대한 높은 수준의 지식이 있어야 제작할 수 있었다. 우리나라에서는 조선 시대에 실학자 하백원(河百源, 1781~1844)과 도공 우명옥(禹明玉)이 계영배를 만들었다고 하는데 실물은 전해지지 않는다.

다음은 세상에서 가장 얇고 가벼운 술잔이다.

¶난막배(卵幕杯): 중국 명나라 만력(萬曆) 때에 만들었다는, 달걀 껍데기와 같이 얇고 희며 투명한 술잔. 명나라와 청나라 때에 나온 백자기인 단피요(蛋皮窯)의 한 가지로 무게는 1.5그램 정도이다.

무게가 1.5그램밖에 안 된다고 하니 얼마나 얇고 가벼운지 짐작할 수 있을 것이다. 그런 잔을 만들려면 얼마나 섬세한 기술이 필요할까? 인간의 재능이 참 대단하다는 생각을 하게 만든다.

¶별잔(鼈盞): 별완(鼈盌)과 비슷하게 생긴 술잔.
¶별완(鼈盌): 1. [공예] 그릇 아가리의 전이 자라 아가리처럼 울퉁불퉁하게 된 자기(瓷器). 2. [공예] 잿물의 무늬가 대모(玳瑁) 무늬같이 된 자기(瓷器).

별완 풀이에 나오는 대모(玳瑁)는 바다거북의 일종이고, 별잔은 중국 장시성(江西省, 강서성)의 길주요(吉州窯)에서 만든 찻잔이다. 별완의 두 번째 풀이에 나온 내용이 별잔에 해당한다. 찻잔을 술잔으로 쓰지 못할 이유는 없지만 엄밀하게 구분할 필요가 있다.

¶대피잔(玳皮盞): 대모갑(玳瑁甲)과 같은 무늬가 있는 술잔.

대피잔 역시 대모의 껍데기 무늬가 나타나는 것으로 별잔과 같은 종류의 술잔이다. 역시 길주요에서 만들었다.

¶부준(鳧樽): 질흙으로 만든, 물오리 모양의 술잔.

어디서 이런 엉터리 풀이를 가져왔는지 모르겠다. 준(樽)을 썼으므로 이건 술잔이 아니라 술을 담아두는 술동이를 뜻한다. 부준(鳧樽)은 청나라 건륭제 때 장쑤성(江蘇省, 강소성) 양저우(揚州, 양주) 지방에서 질흙이 아닌 청동으로 만든 술동이이다. 꽤 많은 유물이 남아 있다.

¶야광배(夜光杯): 1. 야광주로 만든 술잔. 2. 훌륭한 술잔을 비유적으로 이르는 말.

야광배는 중국 간쑤성(甘肅省, 감숙성) 주취안(酒泉, 주천)의 특산품으로 옥을 갈아 만든 귀한 술잔이다. 그러므로 풀이에서 야광주가 아니라 옥으로 만들었다고 해야 한다. 당나라 시인 왕한(王瀚, 687~726)이 지은 시 「양주사(涼州詞)」에 야광배가 나온다.

葡萄美酒夜光杯(포도미주야광배)
欲飮琵琶馬上催(욕음비파마상최)
醉臥沙場君莫笑(취와사장군막소)
古來征戰幾人回(고래정전기인회)

맛있는 포도주를 야광배에 담아
마시려니 출정을 알리는 비파소리 재촉하네.
취해서 모래사장에 누웠다고 비웃지 마오.
예로부터 전쟁에 나가 몇이나 돌아왔나?

　양주(涼州)는 간쑤성에 속한 지역으로 실크로드로 통하는 길목이자 중요한 군사 요충지였다. 왕한은 성격이 호방한 인물로 시풍이 웅장하고 화려하며 술을 좋아했다. 위 시는 전쟁터에 나가야 하는 군인의 심정을 잘 나타낸 작품이다. 출정하면 죽을 수도 있는 목숨이니 지금 이 순간만큼은 술을 마시고 취해도 나무라지 말아

달라는 호소를 대신 전하는 시인의 마음이 잘 읽힌다.

야광배는 기원전 주나라 시절부터 만들었으며, 지금도 주취안에서 100여km 떨어진 치롄산(祁連山) 깊은 산속에서 옥을 캐내 만들고 있다. 옥의 색깔에 따라 암록(暗綠), 묵록(墨綠), 황록(黃綠)으로 된 야광배가 있으며, 아름답고 정교하게 만들기로 유명하다. 중국 정부에서 국가무형문화재로 지정해서 엄격하게 선발된 장인들이 야광배 제작의 전통을 이어가고 있다.

(3) 정체가 모호한 술잔

¶옥치(玉卮): 옥으로 만든 술잔. =옥배.
¶옥치무당(玉卮無當): 옥잔에 밑바닥이 없다는 뜻으로, 물건이 좋기는 하나 쓸모가 없음을 이르는 말.

옥으로 만든 술잔은 흔한 편이다. 옥치와 관련해서 옥치무당이라는 한자성어가 있는데 『한비자(韓非子)』에 나오는 말이다.

중국 전국 시대 한(韓)나라의 당계공(堂谿公)이 소후(昭侯)에게, "옥으로 만든 술잔이 있는데 밑바닥이 없고[玉卮無當], 질흙으로 만든 술잔이 있는데 밑바닥이 있습니다. 어느 술잔으로 마시겠습니까?" 하고 묻자 소후는 질흙으로 만든 술잔으로 마시겠다고 했다. 그러자 당계공은 군주가 신하의 말을 누설하면 밑바닥이 없는 옥 술잔과 같다며 늘 경계할 것을 권고했다. 그 뒤로 소후는 잠꼬대를 하다가 엉뚱한 말을 할까봐 늘 혼자 잤다. 이로부터 옥치무당이 좋기는 하나 쓸모없는 것을 이르는 말을 뜻하게 되었다.

그런데 술잔을 뜻하는 치(卮)와 관련해서 고려대한국어대사전에 이상한 낱말이 나온다.

¶치(卮): 술이 차면 기울어지고, 술이 비면 바로 서도록 만들어진 술잔.

치(卮)와 치(巵)는 함께 쓰는 같은 글자다. 치(卮)의 쓰임새를 나름대로 찾아보았으나 그냥 술잔의 뜻만 있을 뿐 위 풀이와 같은 뜻으로 쓰인 걸 발견하지 못했다.

¶팔각파배(八角把杯): 여덟 모가 지고 손잡이가 달린 술잔.
¶오채파배(五彩靶桮): 거죽에 다섯 가지의 색으로 그림을 그린, 손잡이가 있는 술잔
¶홍어파배(紅魚靶杯): 중국 명나라 때에, 선덕요에서 만든 술잔. 물고기 형상의 무늬가 있고, 손잡이가 달렸다.

손잡이가 달린 술잔을 파배(把杯)라고 한다. 우리나라 유물 중

에도 파배는 여러 개가 발견되었다. 하지만 파배 형태의 술잔은 우리보다 중국에서 많이 사용했다. 팔각파배와 오채파배 풀이에 어느 나라에서 사용했다는 내용이 없다. 홍어파배 풀이에 중국 명나라가 등장하는 것으로 보아 팔각파배와 오채파배 역시 중국에서 만들어 사용하던 술잔이었을 것으로 추측된다. 상하이 박물관에 손잡이 윗부분이 용의 머리 모양을 한 용수팔각파배(龍首八角把杯)가 있다.

비슷한 사례로 아래 술잔 이름을 들 수 있다.

¶반규가(蟠叫斝): 예전에 쓰던, 용 모양의 그림이 새겨 있고 다리가 셋인 술잔.

¶가(斝): 제례 때에 쓰던 술잔. 청동으로 만들며 손잡이가 달린 몸통에 세 개의 다리와 두 개의 꼭지가 달려 있다. 은과 서주 초기에 많이 보인다.

반규가라는 술잔 이름이 너무 독특하지 않은가. 참 어려운 낱말을 찾아서 가져다 놓았다. 처음 저 낱말을 발견했을 때 분명 우리 조상들이 쓰던 술잔은 아닐 거라는 생각을 했다. 역시 그 아래 있는 가(斝)라는 낱말을 발견하고 나서 궁금증이 풀렸다. 반규가라는 낱말에도 옛날 중국 술잔이라는 말을 넣어주었어야 한다. 더구나 한자도 틀렸다. '叫'가 아니라 '虯'를 써야 한다. 반(蟠)은 둥글

게 포개어 감는다는 뜻이고, 규(虬)는 양쪽 뿔이 있는 새끼 용을 뜻하는 규룡(虬龍)을 말한다. 국어사전에는 없지만 옛날 기와 등을 만들 때 사용한 반규문(蟠虬文)이라는 문양이 있었다. 반규와 같은 어려운 말을 국어사전에 실을 필요가 있었을까 싶지만 이왕 가져다놓을 거면 제대로 가져다놓았어야 한다.

국어사전에 실린 술잔 이름을 추적하다 끝까지 해명하지 못한 것도 있다.

¶오동(五同): 손잡이 두 개와 발 세 개가 달려 있는 옛날의 술잔.
¶쌍도배(雙桃杯): 두 개의 복숭아를 붙여놓은 것처럼 생긴 술잔.

저런 말이 쓰인 용례를 결국 찾지 못했다. 다른 이들이 찾아서 밝혀주면 좋겠다.

¶서주(黍酒): 1. 예전에 쓰던 술잔. 2. 기장으로 빚은 술.

표준국어대사전에 나오는 풀이인데, 고려대한국어대사전에는 술의 뜻만 있고 술잔의 뜻은 없다. 곡식 이름인 기장을 뜻하는 서(黍)에 술그릇이라는 뜻도 있긴 하다. 하지만 뒤에 '술 주(酒)'가 붙었으므로 그냥 기장으로 빚은 술을 뜻하는 것으로 보아야 하며, 술잔이라고 해석하는 건 무리로 보인다. 서주(黍酒)가 술잔의 뜻으로 사용된 용례를 찾아서 제시하면 수긍하겠지만 나는 그런 용례를 찾지 못했다.

마지막으로 서양과 관련한 낱말 두 개를 보자.

¶칸타로스(Kantharos): 고대 그리스와 로마에서 쓰던, 긴 축(軸)과 두 개의 손잡이가 달린 술잔. 주신(酒神)인 바쿠스에게 바치는 술을 담는 데에 썼다고 한다.

¶칠호병(漆胡瓶): 병 모양을 한 서양식 칠그릇. 술을 담는 데 쓴다.

서양에서 만든 술잔도 꽤 많았을 텐데 칸타로스 하나만 선택된 이유는 모르겠다. 당나라 때 실크로드를 타고 외래 문물이 중국으로 많이 들어왔다. 칠호병(漆胡瓶)도 그 무렵에 들어왔던 물건으로 서양식이 아니라 페르시아 풍을 한 물건이다. 칠호병은 일본에도 전해져 현재 나라(奈良)에 있는 일본 왕실의 보물 창고인 쇼소인(正倉院)에 보관되어 있다.

술꾼들이 좋아할 죽

음식을 조리할 때 술을 사용하는 경우는 꽤 많다. 고기를 잴 때 육질을 부드럽게 하기 위해 약간의 술을 사용하거나, 냄새를 잡아줄 때도 술을 사용한다. 증편(蒸-/烝-)이나 상화떡(霜花-)을 만들 때 막걸리를 조금 섞어서 반죽을 하면 떡을 찔 때 잘 부풀어 오르고 술 향이 더해져 특유의 맛을 낸다. 막걸리는 다음과 같은 경우에도 쓰인다.

¶가물치회(---膾): 가물치의 살을 잘게 썰어 막걸리에 빨아 초간장이나 초고추장에 버무린 회.

¶뱀장어회(-長魚膾): 뱀장어의 살을 저며서 막걸리에 씻어 비린내를 없앤 후 잘게 썰어 만든 회.

조리용으로 쓰는 일본 술로는 미림이 있다.

¶미림(味淋/味醂): 소주 · 찹쌀지에밥 · 누룩을 섞어 빚은 다음
그 재강을 짜낸, 맛이 단 일본 술.

미림 대신 우리가 조리용으로 쓰는 술을 가리킬 때는 맛술이라
는 말을 만들어 사용하고 있다. 중국에도 맛술로 쓰는 술이 있다.

¶강즙소주(薑汁燒酒): 생강즙과 소주를 2대1로 섞어 밀봉한 후
더운 곳에 하룻밤쯤 두어 만든 술.

풀이는 단순하고 명쾌하게 보인다. 하지만 우리나라 사람 중에
생강즙과 소주를 섞어 만든 술을 마시거나 그런 이름을 들어본 사
람이 얼마나 될까? 이 술은 중국 광둥(廣東) 지방에서 육류 및 어
류 조리를 할 때 맛을 잡아주는 용도로 사용한다. 강즙소주(薑汁
燒酒)보다는 강즙주(薑汁酒)라는 말을 많이 쓴다.

맛술은 대개 주식이 아닌 반찬용 음식을 만들 때 사용하지만 그
렇지 않은 경우도 있다. 『정조실록』에 정조가 몸이 안 좋아 밤에 잠
도 제대로 못 자고 수라도 들기 힘들어 원미(元味)만 조금 맛보았
다는 내용이 나온다. 그러자 좌의정 심환지(沈煥之)가 원미라도

자주 들면 몸에 이로울 것이라고 했다. 원미는 국어사전에 다음과
같이 나온다.

¶원미(元味): 쌀을 굵게 갈아 쑨 죽. 여름에 꿀과 소주를 타서
차게 하여 먹는다.

소주를 타서 먹는 죽이 있다고 하니 술꾼들이 꽤 좋아할 것 같
다. 옛날에는 몸의 원기를 보하기 위해 약간의 소주를 마시도록 하
는 처방이 있었다. 어린 단종이 부왕인 문종의 장례를 치르느라 몸
이 상할 것을 염려해 신하들이 소주를 마시라고 권했다. 특히 소주
는 더운 여름철에 기운을 돋우는 역할을 한다고 생각했다. 원미 역
시 여름철에 먹는다고 했으니 같은 발상에서 나온 음식인 셈이다.
19세기 말에 나온 작자 미상의 음식 조리서 『시의전서』에 원미를
만드는 방식이 다음과 같이 기술되어 있다.

백비탕을 끓이다가 원미쌀을 넣되 묽고 되기는 된 죽처럼 쑤고
그릇에 담아 소주와 백청 타서 쓰되 소주는 주량대로 많고 적음을
가감하라.

백비탕은 맹물을 끓인 것이고, 백청은 빛깔이 희고 품질이 좋은
꿀을 말한다. 백청은 소주의 쓴맛을 중화시켜주기 위해 함께 사용

했을 것으로 보인다. 원미에도 여러 종류가 있었던 모양이다.

¶소주원미(燒酒元味): 찹쌀을 미음처럼 쑤어 소주와 꿀, 생강즙을 타서 만든 음식.

¶해삼원미(海蔘元味): 원미를 쑤다가 불린 해삼을 잘게 썰어 넣고 끓인 다음 소주를 조금 섞어서 만든 음식.

해삼은 남쪽 바닷가 사람들이 궁중으로 올려 보내는 귀한 진상품이었으므로 해삼원미는 원미 중에서도 고급에 속했을 것이다.

소주를 타지 않는 원미 두 종류가 국어사전에 나온다.

¶백원미(白元味): 흰쌀을 씻어 절구에 넣고 쌀알이 반쯤 부서지게 찧어서 물을 많이 붓고 쑨 죽. =흰원미.

¶탕원미(湯元味): 초상집에 쑤어 보내는 죽. 물에 씻은 멥쌀을 반쯤 부서지게 찧고, 거기에 다진 쇠고기를 양념하여 넣어 묽게 끓여 그릇에 담은 후, 그 위에 잘게 썰어 볶은 고기와 기름에 볶아서 잘게 썬 표고, 석이버섯, 잣가루를 뿌린다.

죽은 아니지만 술을 타서 끓인 미음도 있다.

¶당수: 우리나라 전래 음식의 하나. 쌀, 좁쌀, 보리, 녹두 따위의

곡식을 물에 불려서 간 가루나 마른 메밀가루에 술을 조금 넣고 물을 부어 미음같이 쑨다.

¶메밀당수: 메밀가루를 푼 물에 삶은 파 대가리와 재강 또는 막걸리를 넣고 끓인 다음, 설탕을 타서 미음같이 만든 음식.

일단 술부터 먼저!

고깃집에 가면 일단 고기와 함께 술부터 먼저 마신다. 다 먹고 마신 다음에 간단히 후식 냉면을 먹는 경우가 있다. 이럴 때 선주후면이라는 말을 쓰곤 하는데, 이 말이 표준국어대사전에 있다.

¶선주후면(先酒後麵): 먼저 술을 마시고 난 뒤에 국수를 먹음.

이 말의 유래에 대해서는 두 가지 설이 있다.

첫째는 평양 사람들이 만들어서 퍼뜨렸다는 설이다. 평양 음식 중 가장 유명한 게 '평양랭면'이다. 평양에서는 멀리서 귀한 손님이 왔을 때 먼저 평양 특산주인 감홍로를 대접하고, 그런 다음 술을 마셔서 생긴 홍분과 열기를 시원한 냉면으로 식혔다는 것이다. 하지만 이 말은 문헌에 기록된 것이 아니라 구전된 것이어서 평양 사람들이 처음 사용했다는 근거로 삼기에는 충분하다고 할 수 없다. 조선 후기 실학자 이규경이 평양에서 감홍로를 마신 다음날 냉면으로 속을 풀었다는 이야기를 근거로 내세우기도 하지만 그건 날이 바뀐 다음에 먹은 것이고 선주후면의 뜻과는 거리가 있다.

두 번째 설은 경남 진주를 중심으로 기방문화가 성행했던 곳에서 생긴 말이라고 한다. 진주냉면은 예전에 평양냉면 못지않게 유명했다. 기방에 모여 술 마시며 놀던 한량들이 술자리가 파할 무렵이면 냉면을 배달시켜 먹었고, 여기서 선주후면이라는 말이 생겼다는 것이다. 이 또한 평양 유래설과 마찬가지로 정확한 근거를 지니고 있다고 보기는 어렵다.

유래야 어찌 되었든 고깃집에서 선주후면이라는 말을 써가며 일반 냉면보다 양이 적은 후식 냉면을 즐기는 모습을 어렵지 않게 볼 수 있다.

술을 좋아하는 사람은 술자리에 가서 밥을 잘 먹지 않는다. 배가 부르면 술이 안 들어가고 술맛도 제대로 느낄 수 없기 때문이다. 공복에 마시는 술이 뱃속을 짜르르하게 만들어 준다며 그 맛을 즐기는 술꾼들도 많다. 그래서 고려대한국어대사전에는 "식사 전에 입맛을 돋우기 위해서 마시는 술"이라는 풀이를 담아 '식전주(食前酒)'를 표제어로 올려두었다.

국어사전에 서양 사람들이 마시는 식전주를 나타내는 말로 표제어로 올린 게 있다.

¶아페리티프(프랑스어, apéritif): 서양식으로 식사할 때에, 식욕을 증진하기 위하여 식사 전에 마시는 술. 셰리 따위의 포도주나 각종 칵테일을 마신다.

아페리티프로 이용되는 서양 술로는 풀이에 나온 셰리를 비롯해 베르무트, 캄파리, 피노 데 샤랑트, 릴레 브랑 등 다양한 술이 있다. 풀이에 나오는 셰리가 국어사전에 표제어로 등장한다.

¶셰리(sherry): 에스파냐 남부 지방에서 생산되는 백포도주. 식사 전에 식욕을 돋우기 위하여 마시는 술 가운데 최고로 꼽힌다.

셰리(sherry)는 에스파냐의 헤레스(Jerez) 지역에서만 생산되는데, 헤레스(Jeres)가 프랑스로 건너가 세레스(Xeres)로 변했고, 이말이 다시 영어식으로 변형되어 생긴 이름이다. 발효 후에 브랜디를 참가해서 만들며, 마젤란이 세계일주 항해를 떠날 때 갖고 갔던술로 유명하다. 식사 전에 마시는 술이라는 풀이는 없지만 베르무트도 표준국어대사전에 실려 있다.

¶베르무트(프랑스어, vermouth): 알코올성 음료의 하나. 포도

주에 베르무트 초 따위의 50여 가지 향료를 우려서 만든다. 짙은 다갈색으로 상쾌한 쓴맛이 있는데 프랑스와 이탈리아에서 많이 만든다.

풀이에 나오는 '베르무트 초'라는 말이 무얼 가리키는지 불친절하다. 베르무트는 쓴맛을 내는 쑥인 독일어 '페르무트(Vermut)'에서 왔다. '베르무트 초'는 '페르무트 풀'을 뜻하는 것으로 보인다. 페르무트는 프랑스의 유명한 술인 압생트(프랑스어, absinthe)를 제조할 때도 쓰였다.

반대로 식후에 마시는 술이라며 국어사전에 오른 이름이 하나 있다.

¶쿠앵트로(프랑스어, cointreau): 오렌지의 껍질과 꽃으로 맛과 향기를 더한 혼성주(混成酒). 주로 식후용 술로 쓰거나 과자를 만드는 데에 쓰며, 알코올 성분은 40%이다.

주금령과 금주법

금주령이라는 말이 국어사전에는 없고 〈우리말샘〉에만 올라 있다. 대신 아래 낱말이 보인다.

¶주금령(酒禁令): 허가 없이 술을 만들거나 팔지 못하게 금하는 명령.

주금령보다는 금주령이라는 말이 더 귀에 익고, 조선왕조실록에 두 말이 함께 나오지만 금주령이 쓰인 예가 더 많다. 그럼에도 무슨 까닭인지 국어사전은 금주령을 몰아내버렸다.

옛날에는 흉년이 들거나 하면 왕이 백성들에게 술을 빚지 못하도록 하는 영을 내렸다. 술을 빚을 때 쓰는 곡식을 줄이기 위해서였다. 기록에 남아 있는 가장 오래된 금주령은 서기 38년에 백제의 다루왕이 흉년이 들자 술을 빚지 못하도록 했다는 『삼국사기』의 내용이다. 조선 시대에는 수시로 금주령을 내렸다. 세종도 더러 금주령을 내리긴 했지만 다른 왕들에 비해서는 관대한 편이었다. 한 번은 신하인 황보인(皇甫仁)이 금주령을 내릴 것을 건의하자 "내가 술을 들지 않고 금한다면 옳으나, 위에서는 시행하지 않으면서 다만 밑으로 백성들만 금한다면 범하는 사람이 반드시 많을 것이며, 옥송(獄訟)이 번거로울 것이다"라며 받아들이지 않은 일도 있다.

조선 시대의 금주령은 대개 기한을 정해놓은 한시적인 명령이었다. 하지만 영조는 가혹하다 싶을 정도로 강력하게 금주령을 실시했다. 몇 달 정도의 한시적인 금주령만 내리다가 영조 32년(1756)에 내린 금주령은 영조 43년(1767)에야 끝났다. 처음에는 금주령을 어긴 경우 감옥에 가두거나 노비로 삼도록 했고, 국가의 제사 때도 단술인 예주(醴酒)를 사용하도록 했다. 이런 조치는 점점 심해져서 나중에는 금주령을 어긴 사람을 사형시키기도 했다. 이때 가장 억울하게 죽임을 당한 사람이 병마사(兵馬使) 윤구연(尹九淵)이다. 윤구연이 금주령을 어겼다는 고발이 들어오자 영조는 당장 윤구연의 집을 수색해서 증거물을 압수하고 윤구연을 잡아들이라는 명을 내렸다. 윤구연의 집에서 발견된 건 빈 술통뿐이었다. 하지만 영조는 즉시 윤구연을 참형에 처하도록 했다. 여러 신하들이 윤구연의 구명을 호소하는 상소를 올리고, 술통은 금주령이 내리기 전에 사용한 것이라며 두둔했으나 영조는 그렇게 말하는 신하들마저 파직시켰다.

금주령은 실시 의도와 다르게 여러 폐해를 낳기도 했다.

"금주(禁酒)를 내린 뒤로 술집이라는 이름만 붙어 있으면 추조(秋曹)와 한성부의 이속(吏屬)들이 별도로 금란방(禁亂房)을 설치하여 날마다 돈을 징수하며 기존의 법처럼 여기고 있습니다. 그리고 기타 속전(贖錢)을 남징(濫徵)하는 폐단은 이루 다 낱낱이 들기가 어렵습니다. 그러니 특별히 두 아문에 신칙하여 이 폐단을 통렬히 개혁하도록 하되, 발각되는 대로 죄를 논함이 마땅합니다" 하니, 임금이 그대로 따랐다.

—『영조실록』78권, 영조 28년 12월 20일

조선 시대에는 금주령을 위반한 자에게 벌금을 물렸다. "속전(贖錢)을 남징(濫徵)하는 폐단"이라는 말이 나오는데, 이를 뜻하는 낱말이 국어사전에 있다.

¶주속(酒贖): 술을 만들거나 팔지 못하게 한 규정을 어긴 사람이 무는 벌금.

풀이에 조선 시대에 실시한 벌금 제도라는 말을 추가해주는 게 좋겠다. 고래로 술을 빚지도 마시지도 못하게 해서 성공한 사례는 없다. 아무리 막아도 어디선가는 남몰래 밀주(密酒)를 만들고 있기 마련이다. 문제는 그 과정에서 위 실록의 내용처럼 이를 이용해 제 잇속을 챙기는 자들이 생긴다는 사실이다. 금란방은 몰래 술을 빚어 팔거나 마시는 사람들을 단속하기 위해 별도로 만든 기관이다.

¶우주송삼금(牛酒松三禁): 예전에, 소 잡기와 술 빚기와 소나무 베기의 세 가지를 금지하던 일.

이 말은 또 언제 사용된 것일까? 영조의 뒤를 이어 즉위한 정조 때의 일을 기록한 『정조실록』과 『승정원일기』에 몇 차례 등장하는 말이다. 백성들에게 농업을 장려하고 낭비를 막아 나라 경제의 기틀을 마련하기 위한 정책 중의 하나가 위 세 가지를 금지하는 일이었다.

우주송삼금에서 앞의 두 글자만 떼어낸 낱말도 표준국어대사전에 있다.

¶우주(牛酒): 쇠고기와 술을 아울러 이르는 말.

둘을 왜 묶었을까 하는 궁금증이 생긴다. 그래야 할 어떤 필요와 사유가 있을 것이다. 이 말은 금주령과는 상관이 없다. 중국 전한(前漢) 시대에 임금이 즉위하거나 나라에 경사가 생겼을 때 백성들에게 쇠고기와 술을 하사했다는 기록이 있고, 조선왕조실록에도 신하들이 임금에게 고대 중국의 그러한 제도를 본받아 실시할 것을 청하는 내용이 나온다. 국어사전에 실을 만한 낱말인지에 대해서는 고개를 끄덕이기 어렵다.

¶금주법(禁酒法): 술을 만들거나 사고파는 일을 금하는 법률.

이슬람을 국교로 삼는 아랍권 국가들 상당수는 술의 제조와 판매를 엄격하게 금지하고 있다. 그렇지 않은 일부 나라에서도 금주법을 만들어 시행한 적이 있었는데 가장 유명한 게 미국의 금주법이다. 미국의 금주법은 1919년에 제정되어 1920년 1월부터 실시했다. 전국적인 금주법을 폐지하고 각 주의 권한에 맡긴 게 1933년이고, 최후까지 금주법을 고수하던 미시시피주가 1966년에 법을 폐기했으니 꽤 오랫동안 실시한 정책이었다.

그렇다고 이 시기에 미국 사람들이 술을 안 마셨나 하면 천만의 말씀이다. 당연히 밀주가 성행했고, 금주법 시행 후 오히려 술 소비량이 늘었다는 말이 있을 정도였다. 정부는 주세(酒稅) 수입이 사라지고, 농부들은 술 제조용 곡물 판매가 이루어지지 않아 위기에 봉착하고, 알코올 중독자는 병원에 가서 치료받을 기회를 놓치는 등 온갖 부작용이 생겨났다. 반면 밀주 제조로 떼돈을 번 사람들도 생겼다. 무엇보다 심각한 건 밀주 제조와 판매 과정에서 갱단의 영향력이 급속도로 커졌다는 사실이다. 대부분의 나라에서 유흥업을 장악하고 있는 게 폭력조직이듯, 이 시기에 미국의 갱단은 금주법 덕분에 활개를 칠 수 있었다. 당시 유명했던 갱 두목 이름이 표준국어대사전에 실려 있을 정도다.

¶카포네(Capone, Alphonso): 미국의 갱(gang) 두목 (1899~1947). 흔히 알 카포네(Al Capone)라고 불린다. 금주법 시대에 술을 밀매하여 돈을 벌고 범죄를 저지르며 시카고의 암흑가에 군림하였다.

지금도 특정한 날이나 시기에 술 판매를 금지하는 나라들이 있다.

인도 PTI통신 등에 따르면 아물리아 파트나이크 뉴델리 경찰청장은 전날 선거 보안 수준을 대폭 높이기로 하고 관련 세부 방안을 마련했다며 이같이 밝혔다.…… 전자투표기(EVM) 보관소 등에도 병력이 대거 배치되며 10일 오후 5시부터 12일까지는 술 판매도 금지된다.
　—『연합뉴스』, 2019. 5. 10.

몽골의 한 한인 사업가는 "대통령 결선 투표가 7일 치러졌기 때문에 투표 당일 날을 전후한 3일간은 주류 판매가 금지됐다"며 "선거 운동이나 개표 과정에서 술에 취해 실수하는 일이 벌어지지 않도록 하기 위한 조치"라고 말했다.

　　―『국민일보』, 2017. 7. 8.

　콜롬비아에서는 경기 결과에 도취된 팬들이 폭력 사태까지 번지는 일이 종종 벌어졌다. 이에 경찰은 오전 10시부터 오후 10시까지 술 판매를 금지하기로 했다. 이는 24시간 동안 술을 판매하지 않았던 지난 2010 남아공월드컵보다는 느슨한 조치다.

　　―『일간스포츠』, 2014. 7. 3.

　우리나라에서도 이런 식으로 술 판매 조치가 내려지면 어떻게 될까? 우리는 술에 비교적 관대한 나라라 쉽지 않을 게 분명하다.

술을 경계하라!

술은 잘 마시면 약이지만 잘못 마시면 독이라는 얘기를 흔히 한다. 그래서 술 이야기 마지막 편은 술을 경계하라는 내용으로 잡았다.

¶주계(酒戒): 술을 삼가라는 훈계.
¶계주(戒酒): 술 마시는 것을 삼감. =계음.

세종 임금은 금주령이 별 효과가 없다고 생각했다. 그렇다고 술의 폐해를 모르는 건 아니었다. 이조판서 허조(許稠)가 금주령을 내릴 것을 청하자 처벌보다는 교화가 중요하다고 여겨 다음과 같이 말했다.

"허 판서의 말이 진실로 아름다우나, 그것을 금하기는 진실로 어렵다. 그러나 주고(酒誥)를 지어서 여러 신하들을 경계함이 가하다. 집현전 제술관(製述官)을 데리고 오너라. 내가 장차 반포해 내려서 신하들을 경계하겠다."

실록에는 주계(酒戒)라는 말과 주고(酒誥)라는 말이 함께 쓰였는데, 주고(酒誥)는 국어사전에 오르지 못했다. 세종이 내린 주고에는 술 때문에 나라와 자신의 몸을 망친 여러 사람의 사례를 들어 술을 경계하도록 하는 내용이 담겼으며, 마지막 부분은 다음과 같다.

"그대들 중앙과 지방의 대소 신민들은 나의 간절한 생각을 본받고 과거 사람들의 실패를 보아서 오늘의 권면과 징계를 삼으라. 술마시기를 즐기느라고 일을 폐하는 일이 없을 것이며, 과음하여 몸에 병이 들게 하지 말라. 각각 너의 의용(儀容)을 조심하며 술을 상음(常飮) 말라는 훈계를 준수하여 굳게 술을 절제한다면, 거의 풍습을 변경시키기에 이를 것이다. 너희 예조에서는 이 나의 간절한 뜻을 본받아 중앙과 지방을 깨우쳐 타이르라."

그런 다음 주고를 주자소(鑄字所)에서 인쇄하여 중앙과 지방에 반포하라고 했다. 세종과 비슷한 형식의 글을 지어 신하들에게 배포한 임금이 있다.

¶계주윤음(戒酒綸音): [책명] 조선 영조 33년(1757)에, 재상 이하 문무백관에게 금주(禁酒)를 명할 때 내린 임금의 말을 기록한 책. 한글로 음과 뜻을 풀이하였다. 1책.

영조는 엄격한 금주령을 실시한 사람이다. 그와 동시에 금주령만으로는 술을 막을 수 없다는 생각에 신하들을 불러 자신이 적은 글을 전하며 널리 알리게 했다. 윤음(綸音)은 임금이 신하나 백성에게 내리는 말을 뜻하며, 조선 시대에 여러 형태의 윤음을 만들어 반포했다.

영조는 "지금 여러 관원들이 술을 삼가지 않는 것은 진실로 나의 허물인 때문"이라며 자신을 먼저 질책한 다음 신하와 백성들이 요사한 물건인 술을 멀리하라고 했다.

"아! 위로 내가 가장 신뢰하는 경재로부터 아래로 백료들에 이르기까지 나의 종사(宗社)를 위한 고심을 본받아 깊이 아로새겨 간직하여 내 마음을 바꾸지 않게 하고 형벌이 필요 없기를 기약하여 나의 백성으로 하여금 큰 허물에 빠지지 않게 하라."

금주령을 어겨 형벌을 받는 자가 없기를 바란다고 했으나 그건 영조의 희망사항일 뿐이었다. 그 후로 술 때문에 유배를 가거나 심지어 사형을 당한 사람도 있었으니, 강제로 술을 금지시키는 게 얼마나 비현실적인 일인지 알 수 있다.

¶계주연회(戒酒煙會): 음주와 흡연을 그만두기로 결심한 사람의 모임.

이런 이름을 가진 모임이 실제로 있었는지 모르겠다. 아무리 찾아봐도 이런 말이 쓰인 용례를 발견할 수 없었다. 한국민족문화대백과사전에 "1922~1923년에는 단연회·단연동맹회·단연금주회·금주단연회·금주단연동맹·단연금주동맹·금주회·금단주연회 등 수많은 금주단연운동단체가 전국적으로 조직되어 활동하게 되었다"라는 구절이 있다. 하지만 이 구절 속에도 계주연회라는 낱말은 보이지 않는다. 이런 운동과 관련하여 다음 낱말이 표준국어대사전에 나온다.

¶금주 단연 운동(禁酒斷煙運動): [역사] 3.1 운동 이후에 전개된, 일본 자본에 대한 배척 운동. 소비 절약과 국산 장려 운동과 더불어 사회 운동인 동시에 민족 운동으로 번졌다.

계주연회 같은 정체불명의 낱말 대신 다음과 같은 낱말을 실은 것만으로도 충분한 일이었다.

¶금주회(禁酒會): 규약을 정하여 금주를 실행하고 그 이점을 널리 선전하는 모임.

금주를 하든 절주를 하든 자발적인 의지가 없으면 소용이 없다. 스스로의 힘으로 안 될 경우 알코올 치료 센터에 가거나 약에 의존해야 한다.

¶혐주약(嫌酒藥): 술을 끊게 하는 약. 알코올을 대사시키는 효소의 작용을 저해하여, 특유의 불쾌한 냄새를 내는 알데히드의 체내 축적을 일으키는 것으로, 디설피람(disulfiram) 따위가 있다.

저런 약을 먹을 지경이 된다면 그건 이미 불행한 상태에 접어들었음을 의미한다. 술이 주는 이점이 분명히 있으며, 술을 아름답게 지칭하는 낱말도 많다. 그럼에도 과유불급이라는 말처럼 지나침을 경계하는 일에 소홀하지 말아야 한다.

조선 후기의 학자 이덕무의 글을 모은 『청장관전서(靑莊館全書)』에 술에 관련된 한자들을 독특하게 풀이한 내용이 나온다.

술주정 후(酗)에는 술로 인한 흉(凶)이 담겨 있고

278

취할 취(醉)에는 죽음을 뜻하는 졸(卒)이 들어 있고
술잔 치(巵)는 위태로울 위(危)와 비슷하고
술잔 배(杯)는 안 된다는 불(不)이 들어 있고
술 깰 성(醒)에는 살 생(生)이 담겨 있다.

오로지 술 깰 성(醒)에만 긍정적인 뜻이 담긴 이유를 헤아리라는 뜻이겠다. 술은 무조건 많이 마시는 게 아니라 음미(吟味)하는 것이라는 말이 있듯, 적당히 즐기면서 마실 때 술의 참맛을 느낄 수 있지 않을까? 마지막으로 술 마시며 즐기는 모습을 나타낸 낱말 하나를 소개한다.

¶천작저창(淺酌低唱): 알맞게 술을 마시고 작은 소리로 노래를 부름. 스스로 만족하여 흥겹게 여가를 즐기는 모습을 이른다.

재미있는 주사酒史

국어사전에서 캐낸 술 이야기

1판2쇄발행	2021년 7월 8일
지은이	박일환
발행인	윤미소
발행처	(주)달아실출판사
편 집	박제영
디자인	전형근
마케팅	배상휘
법률자문	김용진
주소	강원도 춘천시 춘천로257. 2층
전화	033-241-7661
팩스	033-241-7662
이메일	dalasilmoongo@naver.com
출판등록	2016년 12월 30일 제494호

ⓒ박일환 2020

ISBN 979-11-88710-72-0 03590

* 이 도서의 국립중앙도서관 출판예정도서목록(CIP)은 서지정보유통지원시스템 홈페이지 (http://seoji.nl.go.kr)와 국가자료공동목록시스템(http://www.nl.go.kr/kolisnet)에서 이용하실 수 있습니다.(CIP제어번호 : CIP2020027750)
* 잘못된 책은 구입한 곳에서 바꿔드립니다.
* 책값은 뒤표지에 표시되어 있습니다.